U0262559

本书得到“扬州城国家考古遗址公园”项目资助出版，特此致谢！

国家重要文化遗产地保护规划档案丛书

扬州城国家考古遗址公园

唐子城·宋宝城城垣及护城河保护展示总则

王学荣　武廷海　王刃馀　著

中国建筑工业出版社

丛书说明

人类文明的进程既是创造的过程，也是选择的过程。传承至今的历史文献所记载的内容，很大一部分是对人类选择过程之记录，所不同者是基于不同的时空、立场和动机，所记录内容和详略之差异。文化遗产的存与留、沿用与废弃、传承与消失等等，在某种程度上，也是人类发展过程中筛选的结果。文化遗产的保护与利用，在很大程度上，是今天的人基于特定认识而对历史遗存的一种筛选，用我们所熟悉的哲学用语来说就是“扬弃”。

保护文物，传承文明，古为今用。文物是文化遗产的物化形式，它所蕴含的不是简单的关于既往历史的残存的记忆，重要文物是承载、铭记并实证人类、国家和民族发展历程的物质凭据和精神家园，是不可再生的珍贵资源，我们有责任有义务对其保护和传承，尽可能减缓其消失的速度。2015 年 2 月中旬，中共中央总书记、国家主席、中央军委主席习近平在陕西考察时讲到，“黄帝陵、兵马俑、延安宝塔、秦岭、华山等，是中华文明、中国革命、中华地理的精神标识和自然标识”；“要保护好文物，让人们通过文物承载的历史信息，记得起历史沧桑，看得见岁月留痕，留得住文化根脉”。*

文物的保护与传承具有阶段性特征，对文物价值的认知同样如此，并非一蹴而就，往往是渐进的过程。因此，在保护文物本体和优化环境的同时，保存、保护与文物保护及利用相关的决策资料同样尤为重要。以古文化遗址、古墓葬和古建筑等不可移动文物为例，依照《中华人民共和国文物保护法》，“根据它们的历史、艺术、科学价值，可以分别确定为全国重点文物保护单位，省级文物保护单位，市、县级文物保护单位”三个保护与管理层级。当前国家对于全国重点文物保护单位的保护管理主要分为“保护规划”和“保护工程方案”两个层级深度，部分遗址在建设国家考古遗址公园时，按要求须编制“国家考古遗址公园规划”，其中保护规划文本经文物主管部门国家文物局批复后，由省级人民政府公布并成为关于遗址保护与利用的法规性文件，规划时限一般为 20 年。无论遗址保护规划，还是公园规划或保护工程方案，既是特定阶段文物保护理论、方法与技术指导下的产物，又都是一定阶段关于遗址保护决策的基本依据。同时，这些文本还包含了特定时期关于遗址的大量基础信息资料，譬如地理与环境信息、文献资料、考古资料、影像资料和测绘资料等，是一定阶段关于遗址既往，尤其是当前各类信息资料的总汇，是珍贵的档案文献。

传承是保护的重要形式，文物保护所传承的不仅仅是文物，还应包括保护文物的理念、技术与方法。在某种意义上讲，文物保护就像医生治病一样，需综合运用理论、方法与技术，具体问题具体分析，对症下药。前述“保护规划、公园规划和保护工程方案”既是综合性研究成果，更是十分珍贵的文物保护案例。在符合国家保密规定的前提下，通过恰当的方式，将这些珍贵的文物保护个案资料对全社会进行公开，与全社会共享文物保护的经验（理念、方法与技术）与成果，同时接受更广泛的监督与检验，尤其可供更多更大范围的人员研究和参考，势必对进一步改进文物保护工作和提升文物保护水平大有益处。

本丛书拟以全国重点文物保护单位基本对象，特别选择进入国家重要大遗址保护项目名录的遗址单位，对其保护规划、国家考古遗址公园规划或保护工程方案进行整理出版，以促进文化遗产的保护与传承。

* 转引自《不断促进实践创新　努力传承中华文化——用习总书记讲话精神推动陕西文化事业发展》，见《中国文物报》2015.03.04。

序

中国社会科学院考古研究所、清华大学建筑学院的王学荣、武延海、王刃馀三位朋友，要将他们主持编制的《扬州城国家考古遗址公园——唐子城·宋宝城城垣及护城河保护展示总则》，在经过评审、国家文物局批复及整理修改基础上公开出版。这个想法得到了中国建筑工业出版的支持，并考虑到同类选题，策划了“国家重要文化遗产地保护档案丛书”。该书是“丛书”的第一本。

这是一件很有意义的好事，我是非常赞同的。中国文物保护事业有自身的发展历程，形成有自身特色的文物保护体系，二十多年来国家文物局主导编制“大遗址保护规划”，经国家文物局审批，各省（自治区）政府公布实施，纳入“城乡发展总体规划”，缓解了大遗址保护和城乡建设的矛盾，加大了保护力度。编制保护规划也逐步成为新的专业，队伍也在不断的扩大。编制保护规划、方案是项复杂困难的工作，通过案例的公开出版有利于同行间交流切磋，共同提高编制水平；有利于社会资源共享，也有利于监督执行；同时也是保存资料档案的一种方式。

扬州城遗址（隋至宋）是“全国文物保护单位”，是国务院“首批公布的历史文化名城”，具有极高的历史文化价值。该方案实际内容原是扬州城国家考古遗址公园总体规划框架下的《唐子城·宋宝城城垣及护城河保护展示概念性设计方案》，本次出版时改称为《保护展示总则》。这是因为瘦西湖游览区的扩张而提前介入的项目。他们并未简单地对待，为做好这一方案，从国际前沿的学术高度，把握整体城域入手，深入研究唐子城·宋宝城的历史文化脉络，系统评估城址的价值，研究考古资料、梳理历史文献、实地踏查三者紧密结合，对遗址历史、保存现状、以及收集相关影像和测绘资料等，对蜀岗区域古城址的价值有了深入的认识，进而对整个扬州城址的价值有了清晰的认识。

蜀岗是扬州城市的发源地，文献记载，春秋的邗城、战国、两汉和六朝时期的广陵城、隋江都宫、唐子城、南宋宝城等都建在蜀岗，考古发掘也证实战国、两汉、六朝、隋唐、南宋时期的地层。在今蜀岗的地面上主要保存的是唐与南宋部分城墙和护城河的遗迹。这只是蜀岗历史长河中的一段时间。而蜀岗实际上涵盖了东周、两汉、六朝、隋、唐和南宋等诸多时期的城垣和护城河遗址等复杂情况。正是这样深入认识的基础上，提出在城墙和护城河本体整体保护的前提下区分城址、护城河的不同时段，从具体情况出发采取不同的保护措施，和不同的展示方式、展示的节点，对环境整治和河道疏浚也有详细的方案，根据不同情况安排不同植被。总之，这是一个较好的设计方案，也是考古和规划工作者合作的较好案例。同时对原《扬州城遗址（隋至宋）保护规划》所认定的蜀岗保护范围提出了修正方案一样，都是有时段性的，随考古工作进一步开展，有了新的发现，还需再做修正方案。

考古学是地下文物保护的基础和支撑，也是大遗址保护的基础和支撑。正是由于扬州城多年来的考古工作成果，扬州城考古队的大力支持，提供来最新的第一手资料，使得唐子城·宋宝城城垣及护城河保护和展示方案取得了成果。我一向主张编制文物保护规划和方案，要与该遗址从事考古工作的机构和考古学者合作，他们对遗址范围、价值、现状，遗迹发布是最为了解的，这样的合作有利于文物保护事业的发展。

徐光翼

2015 年 12 月

目　录

前言

唐子城·宋宝城遗址位于今扬州市区以北的蜀岗之上，城市建设基于春秋以来的城市基础，历经春秋时期邗城、战国至六朝广陵城和隋江都宫等，出于对遗址内涵完整性、结构完整性及陈述方便等因素的考虑，我们在本书中也多称之为蜀岗古城址。1996 年 11 月扬州城（隋至宋）被国务院公布为全国重点文物保护单位；鉴于当时的认知，2011 年编制完成的《全国重点文物保护单位——扬州城遗址（隋至宋）保护规划》仅将蜀岗古城的大部分划定如保护范围。2012 年 1~4 月，我们对唐子城·宋宝城城垣及护城河的保护与展示进行了整体设计，完成了《扬州城国家考古遗址公园——唐子城·宋宝城*城垣及护城河保护展示概念性设计方案》〔文物保函（2012）1291 号〕，本项目设计的难点和核心是研究唐子城·宋宝城的文化脉络，系统评估城址的价值。为此，研究考古资料、梳理历史文献、实地踏查三者紧密相结合，采用空间层级认知的方法，在极短的时间内就扬州蜀岗区域古城和扬州城整体的历史发展脉络形成了比较清晰的认识，提出了隋、唐、南宋是扬州城市历史发展之三个高峰的观点，其中隋江都宫具有都城性质，是扬州城历史在政治层面的高峰；唐代扬州城作为全国经济和国际贸易中心，是扬州城历史在经济层面的巅峰；南宋扬州城作为宋与金元对峙的前沿，比较完备的军事防御体系可作为扬州城历史在军事层面的高峰。同时，能够代表和反应隋代和南宋这两个高峰时期的遗存均集中与蜀岗区域，尤其首次对南宋时期蜀岗古城的军事防御体系及建设过程提出了看法。据此，围绕遗址保护和价值阐释，初步构建了蜀岗区域古城的价值展示体系框架。我们深知本项目的进行离不开方方面面的大力支持，尤其是扬州城考古队（中国社会科学院考古研究所、南京博物院、扬州市文物考古研究所三方联合体）的大力配合，提供了最新的第一手资料。项目完成三年多以来，蜀岗古城的考古研究又取得诸多进展，本项目提出的一些观点得到验证，部分观点被修正，还有部分尚待进一步研究，但关于蜀岗古城保护展示的总体框架体系迄今仍具有指导意义。本书即以《扬州城国家考古遗址公园——唐子城·宋宝城城垣及护城河保护展示概念性设计方案》为基础，对蜀岗古城考古资源的整体规划设计进行陈述。

从春秋时期开始，蜀岗即为军事构筑物所占据。从地理廊道区位特点、局部高程、相关遗迹分布范围与长江岸线的吻合关系、建构筑技术特征等方面观察，春秋时期（邗城）及战国至秦汉时期（广陵），蜀岗区域的“驻守性”一直是非常突出（如果考虑汉代分封同姓以为屏翼和长期与江南越人对峙的历史过程，那么即便是具备诸侯王国都城的属性，其军事占领性也是不言而喻）。蜀岗早期的军事用途，为其后来作为“军壁”沿用奠定了构造基础，突出地表现为选址和构筑技术特点。三国至东晋，广陵的“军事占领性”也基本如此。

自六朝以后，岗下地区江线南移，人居条件渐趋改善。最迟至隋代，岗上与岗下地用主题分化或已出现。这种岗上岗下的界限在较多情况下所隐含的是官（军）与民的二元关系。无论是隋在蜀岗上构筑的江都宫，还是唐代的“理所”，其居高临下实施区域控制的“核心角色”或

* 本书所称“宋宝城”指南宋末宝祐城，该城是蜀岗古城使用的最后形态。唐子城是蜀岗古城规模最大的时期，宋宝城是城址使用的最后一个时期。

都与早期岗上人为建构筑物的“军政色彩”有着“顺理成章”的内在关联。“军政区”与“民政区”的分野就是岗上“扬州大都督府衙”所在的子城与岗下罗城的功能区分。文献记述唐代的所谓“筑城”，均提到修缮“城垒”，或应与岗上部分直接相关。至五代时期，蜀岗上区域的军事驻扎和占领性就更为明显，直至后周李重进割据罗城东南一隅为周小城（即后世“宋大城”）且平毁岗上城。南宋时期，出于边防需要，蜀岗上久已废弛的防务要地重被起用。自建炎元年至景定元年的一百三十余年间，岗上军事要地经历了多次结构性“加固”*。最终，不但整个扬州出现了“宋三城”的固守局面，蜀岗上的宝城部分更将驻守的壁垒功能完善到无以复加的地步。自隋唐以降，伴随着岗下市井生活图景的展开，蜀岗古城更多地开始承担“保一方之地”的监护使命。这种责任与广陵早期驻守南北通道口隘的“岗哨”意味有一定的区别。而在南宋时期，蜀岗又被推上了前线，成为了江山的卫戍重镇、前线军壁。

上述蜀岗历史地位和历史朝向的嬗变取决于其在国家地理中的战略需求变化。众所周知，蜀岗是整个扬州的人居历程发起点，但同时，出于其独特的地形禀赋与沿袭下来的“驻守”传统，它始终与其他区位（特别是岗下）相隔离，恪守着某种“独立性”。在“扬州城”这一层面上，蜀岗是区域人居过程的真正发起点，其主体功能的时间深度应为东周至南宋。其中南宋为景观“格局”定型时期。

从完整时间跨度讲，“元明清”时期及近现代至当代的“地用”变化过程与蜀岗城址的主要功能无关，属于“遗址化”后的社会地用过程。与此不同，蜀岗下城区部分的时间深度应集中在隋唐以降，其内容应以民政和市民生活为主。随着人居重心的逐步南移和城市规模的缩减，“监护式”的城防模式彻底废止。自蜀岗古城在元代废弃后，扬州岗上与岗下的二元结构已经消失，民用的城防逐步由城外驻扎转为城内驻守，蜀岗的历史地位也告终结。蜀岗城的实际功能废止后，蜀岗地区逐步变为一处明清扬州城北的郊野景观区**。岗上区位的“非民用”根性，是其突出的地表景观形态特质真正的成因。

现存蜀岗古城址的地表遗存是南宋与以往各时期城域演化结果的复合产物。确认各时期蜀岗筑城的具体范围、轮廓乃至构造即成了考古资源规划的前提条件。在蜀岗筑城的全部历史过程中最早的“邗城”的分布情况不甚明确，此后各个阶段的城域演化中也只有唐与南宋在地表上留下的轮廓最为清楚，而其他阶段的城址建构或许在这两个筑城规模最大、改易最为深刻的阶段被其修筑行为所“消化”。在考古遗存分布平面上，其他年代的遗存应当没有超出唐宋两个时期蜀岗城域的范畴。蜀岗古城在使用年代中的发育，存在东西向的不对称。东侧的蜀岗筑城至唐即基本结束。而西半部分，则一直沿用并修筑至南宋灭亡。东侧的筑城城域范畴比较清晰（详见本书后面章节）。而西侧部分南宋时期的城防遗存外轮廓至2012年方案制定前还存在不确定性。由于2012年整体设计方案主要针对的就是墙垣和护城河，故确定与城垣及城壕相关的定

* 见诸《宋史》、《三朝北盟会编》、《建炎以来系年要录》、《菊坡集》、《庶斋老学丛谈》、《宋朝言行录》等文献。

** 参见《扬州画舫录》。

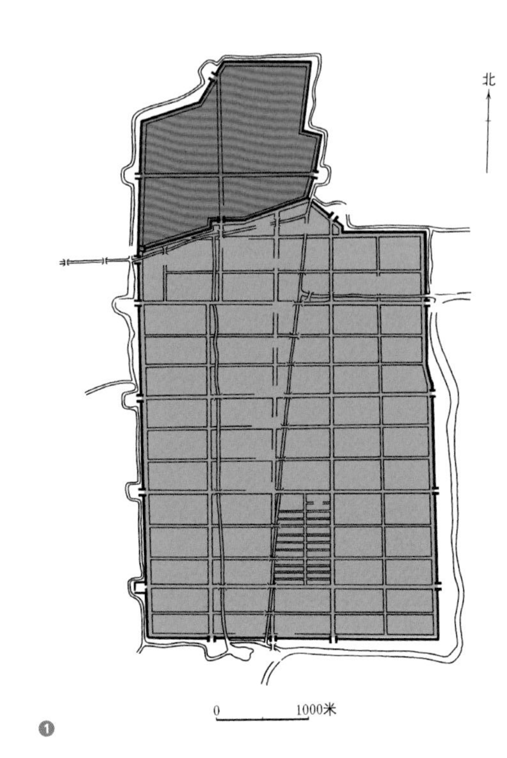

❶ 唐扬州城平面图（《扬州城1987~1998年考古发掘报告》图四四）

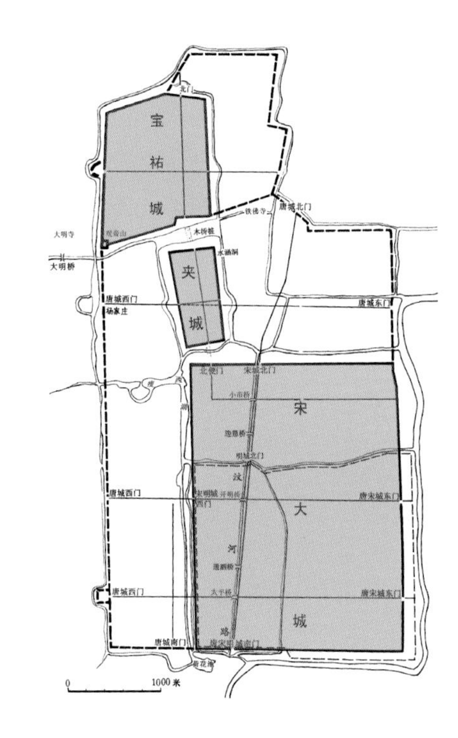

❷ 扬州“宋三城”平面图（《扬州城1987~1998年考古发掘报告》图三七）

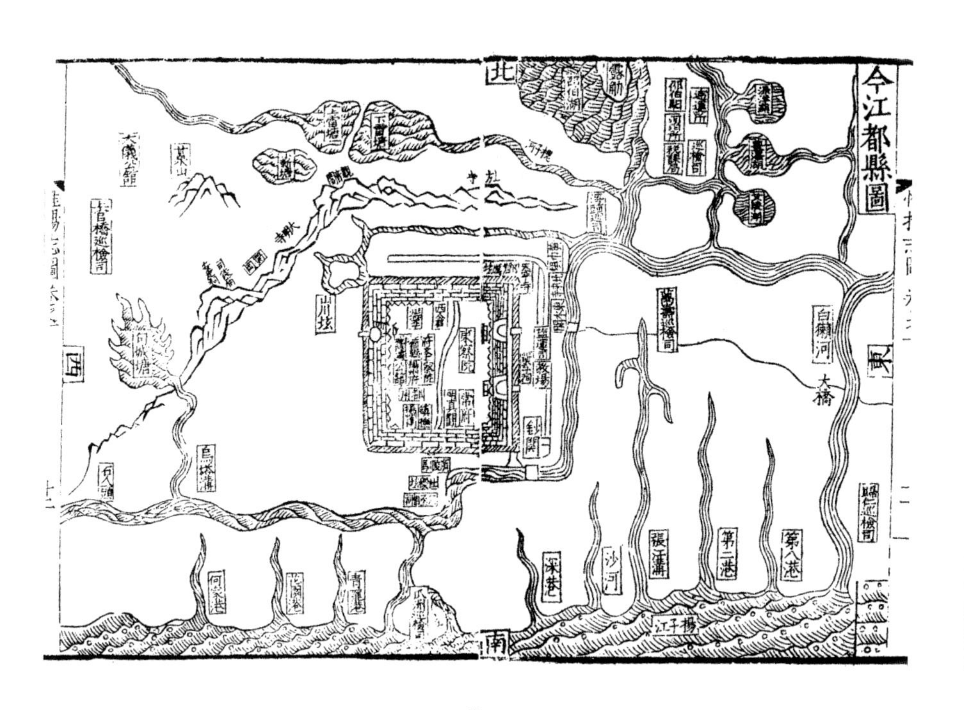

❸

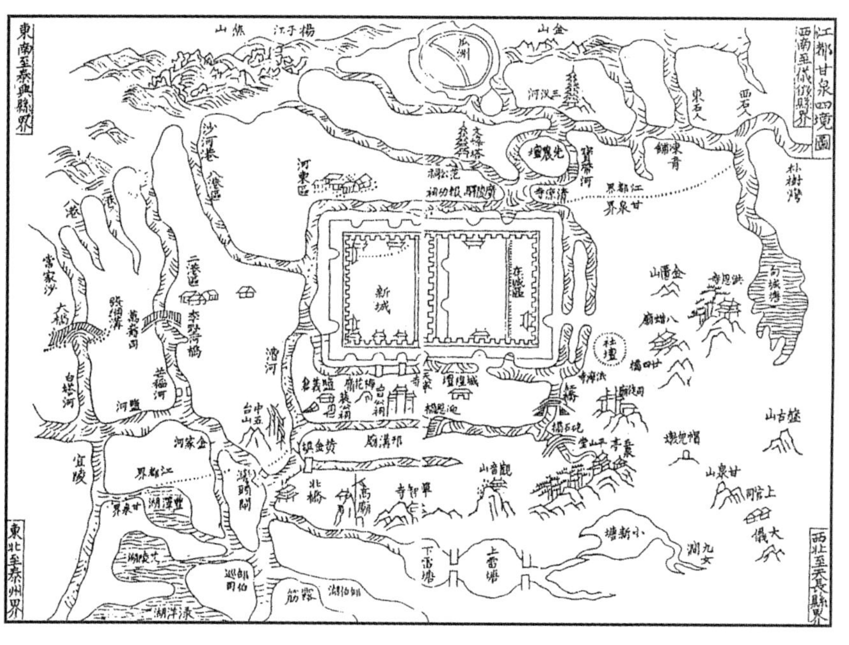

❹

❸《嘉靖惟扬志》卷一所载《今江都县图》

❹《嘉庆重修扬州府志》卷一所载《江都甘泉四境图》

型阶段遗存分布范围就成了首要解决的问题，这一方面是确定保护范围的基本需求，另一方面也是确定具体保护及展示对象的基础依据。

南宋阶段的城域轮廓突出地体现了南宋时期的军事防御特征。这一格局的演化过程，是我们对蜀岗考古资源进行整体保护、阐释及利用的重要依据。南宋只是蜀岗区域“用作”筑城的最后一个阶段，但对于遗址构造而言，却是最终定型的阶段，即整个蜀岗地区在此后不再作为战略壁垒进行使用。对整个城域的保护与展示工作，应当对这一阶段的构架给予足够的重视。南宋时期对于以往蜀岗古城建构筑物的加固、改易是遗址使用阶段中城域变化的最后一环。其改易的规模、方式会对遗址整体风貌发生至关重要的影响。在古城址城垣及城壕的调查工作中，我们依据20世纪70年代的卫星影像以及航拍片，对南宋末期的城域轮廓进行了辨识。其中对保护展示工作最为重要的部分主要包括（后详）：南宋末李廷芝在城壕之外所堆筑的“大土垄”；确认与明代《嘉靖惟扬志・宋三城图》所绘基本一致的城垣轮廓、羊马城、门道及门塾位置等。这些分布轮廓及关键节点的确认，使蜀岗古城址的范围更加清晰，使总体保护规划中认定的蜀岗段保护范围得以修正，使后续的考古资源保护及展示设计能够做到更为精准。

本书所收录的内容是蜀岗古城址城垣及护城河保护性展示与景观设计的内容。其主要目标系根据蜀岗古城址考古资源的分布、留存、年代、压力、结构完整程度等多方面的分析，在把握整体城域格局的前提下，对蜀岗城址中具有线性分布特征的城垣及城壕部分进行保护与展示设计，明确保护及展示的对象、范围、保护及展示原则、节点意象、交通缔结等基本问题，是城垣（2014 年）及护城河（2013 年）具体保护与展示设计方案的指导性文本。

文化资源的研究、管理及规划工作，系在不同的社会及工作条件下展开。每项工作或都有其自身的特殊性和紧迫性。扬州蜀岗古城址西南侧即是瘦西湖风景名胜区。蜀岗—瘦西湖景区在 1988 年即已被国务院列为重点风景名胜区。1991 年《蜀岗—瘦西湖风景名胜区总体规划》开始将瘦西湖、蜀岗（该规划指“三峰”区域）、唐子城三个区协调进入一个系统统筹规划旅游用地。2010 年以来，瘦西湖旅游压力持续上升。北部子城区域的利用有利于缓解南部瘦西湖景区压力，故对蜀岗古城址的园区化利用又被提上议事日程，这也是蜀岗古城址为何从设计方案开始切入考古资源整合的原因。2011 年《全国重点文物保护单位——扬州城遗址（隋至宋）保护规划》编制完成。在原则上，该规划应当作为具体保护方案的上位规划，确定保护总体格局、划定保护范围、明确用地性质等基础作用。在 2012 年接受蜀岗古城址城垣及护城河保护与展示设计这一工作时，我们认为由扬州城遗址保护规划中关于蜀岗古城址的总体规划到具体的城垣及护城河保护与展示方案之间，应当存在一个“中间态”的资源规划或概念性设计层次，即对蜀岗城址整体考古资源进行用地原则界定。但由于时间紧迫，故没有选择以城域“详规”形式来进行弥补，而选择了有针对性地对城域轮廓的城垣及护城河进行“总体设计”。这样，目前读者所看到的概念性设计文稿，就在一定程度上不得不兼具蜀岗城址详规的部分“功能”，但它并未对城域内部空间进行严格的规定。它的主要任务系弥补 2011 年扬州城总体保护规划中蜀岗上城址空间界定的不足，使即将进行的城垣及护城河的保护与展示设计有所依据。根据这些阶段性的考古资源规划意图及条件限制，我们在这一设计总则中包含了以下内容：

1. 蜀岗古城的现状、地用沿革与考古遗存重要性分析（第一章）；
2. 蜀岗古城的遗存结构分析（第一章）；
3. 遗址本体保存状况及压力（第一章）；
4. 遗址保护展示的基本原则、目标（第二章）；
5. 遗址保护与展示设计的总体格局（第二章）；
6. 展示关键节点形态及交通设计（第二章）；
7. 遗址本体保护措施（第二章）；
8. 水道整治与补水要求（第二章）；
9. 城垣及护城河展示工程实施计划（第二章）。

本总则制定过程实际于 2012 年完成。其中所引用的考古依据及保存状况基础材料以当年实际达到的阶段性认识为准。

第一章

扬州唐子城·宋宝城遗址现状与价值定位

1.1 扬州自然环境状况

扬州的区位

扬州市地处江苏中部，长江下游北岸、江淮平原南端，现辖区域在东经 119° 02′ 至 120° 30′ ，北纬 32° 至 35° 25′ 之间；行政区划上，北与淮阴、盐城接壤，东和盐城、南通毗连，西与天长（安徽省）、南京、淮阴交界。扬州市城区位于长江与京杭大运河交汇地带，南部濒临长江，东经 119° 26′ 、北纬 32° 24′ 。

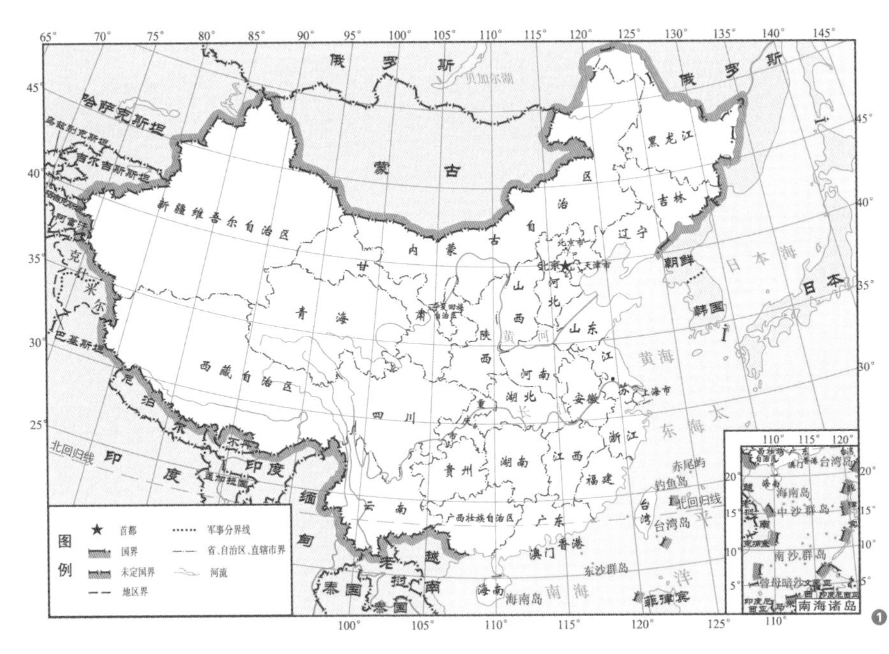

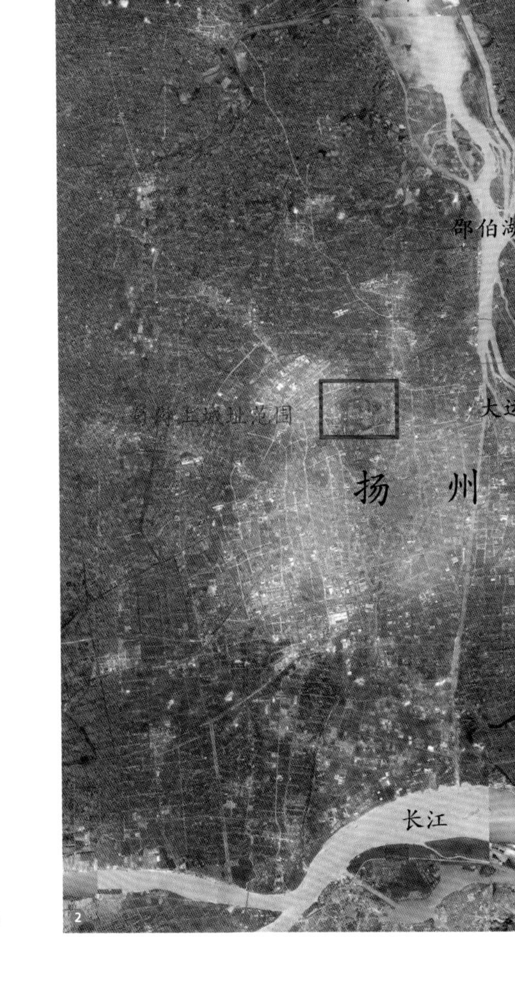

❶ 扬州在国家地理中的位置

❷ 蜀岗古城址扬州区位图（卫星影像）

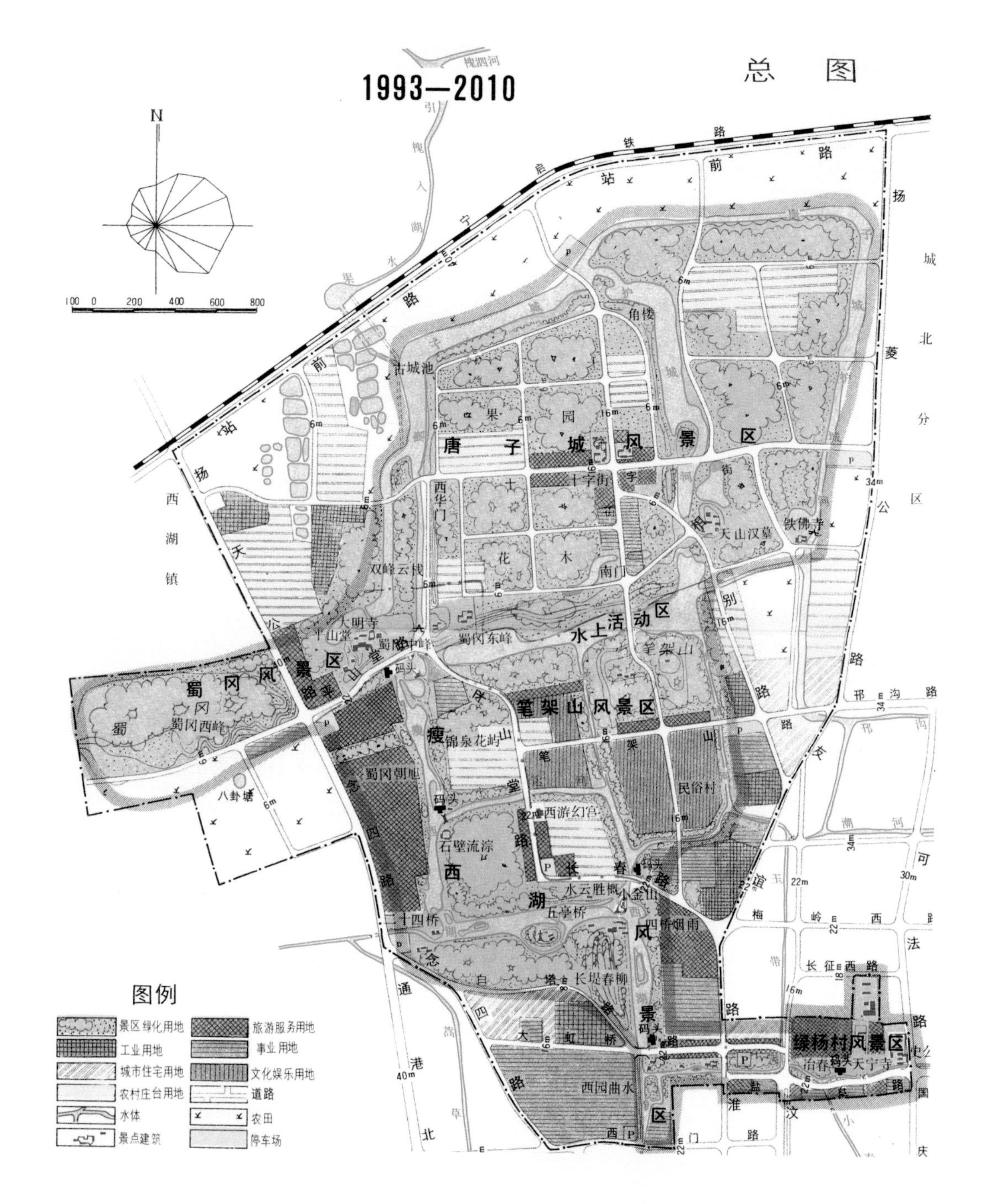

❸ 1996年《蜀岗—瘦西湖风景名胜区总体规划》总规划图

❹ 1996年《蜀岗—瘦西湖总体规划》中唐子城景区区位图

扬州的地势

蜀岗系淮阳山余脉，东西走向的条带状低矮丘陵，西高东低，海拔高程约 15~30 米。其南坡相对陡峭，北坡平缓。地质上，蜀岗属下蜀系黄黏土，形成于第四纪上更新世，距今约十万年。蜀岗是江淮区域东部长江水系和淮河水系的分水岭。蜀岗三峰即西峰、中峰（大明寺地带）和东峰（观音山）是蜀岗地势较高的三个区域。

扬州地形可以蜀岗南坡为界，划分成南、北两部分。北部为蜀岗及以北地势相对较高地带，蜀岗上古城址所在位置系蜀岗中锋和东峰之东北区域。蜀岗以南为长江冲积平原，属第四纪全新世冲积层，形成于约一万年前，海拔 5~10 米，为高漫滩，地势平坦。近一万年来，江海岸线的消退与变迁，与扬州区域人地关系发展关系十分密切。史前时期长江北岸线位于扬州蜀岗、西场、李堡一线，河口呈喇叭形，宽达 190 公里。商周至春秋时期，气候温暖湿润，海面上升，长江口南北岸线产生不同程度的蚀退。秦汉时期年平均温度比今日高 1 摄氏度，镇扬河段北岸线仍然有蚀退的现象。隋唐以来，扬州城市发展对运河水系的依赖逐渐增加，扬子津、瓜州随着江岸的南移，而先后成为重要的驳岸和大港口。扬州常见的自然灾害主要包括地震和洪涝灾害。

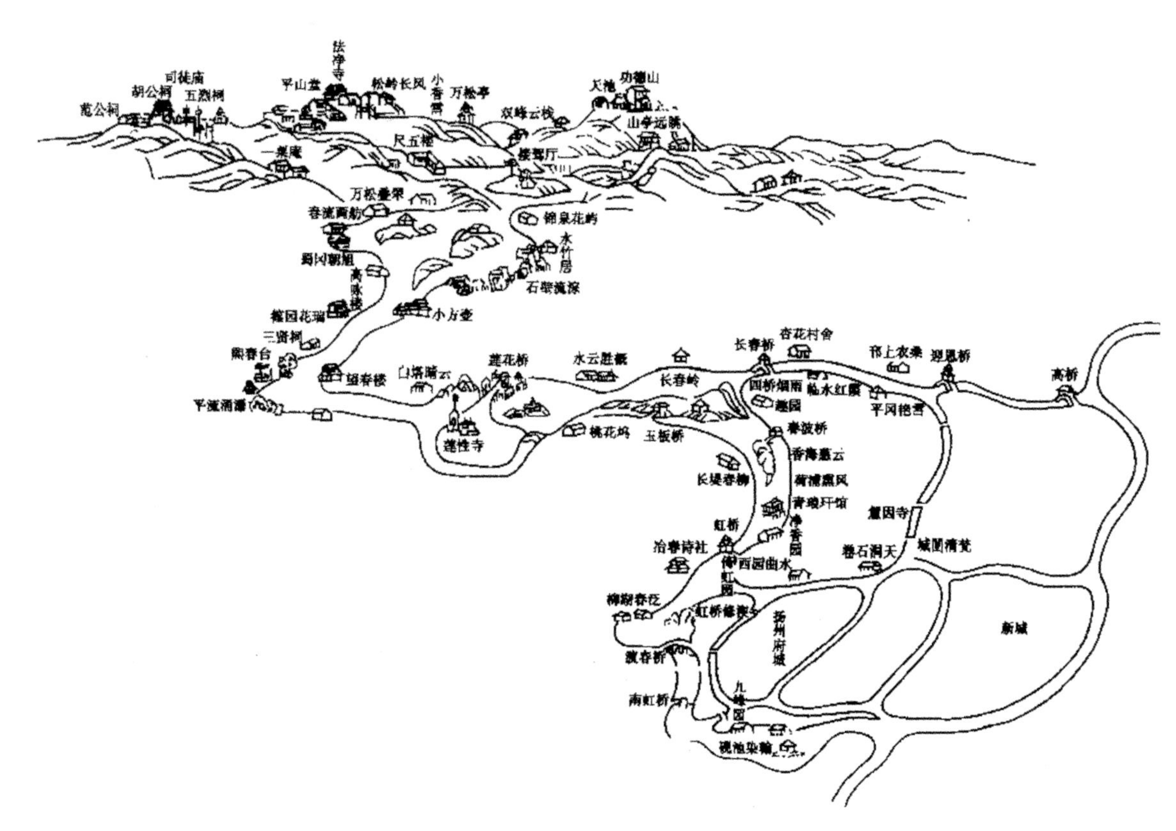

❶ 清赵之壁《平山堂图志》

❷ 扬州与镇江一线位置

❸ 蜀岗上城址在新编制的《蜀冈—瘦西湖风景名胜区规划》范围中的位置

❶ DEM模型上蜀岗及岗上城址地貌现状

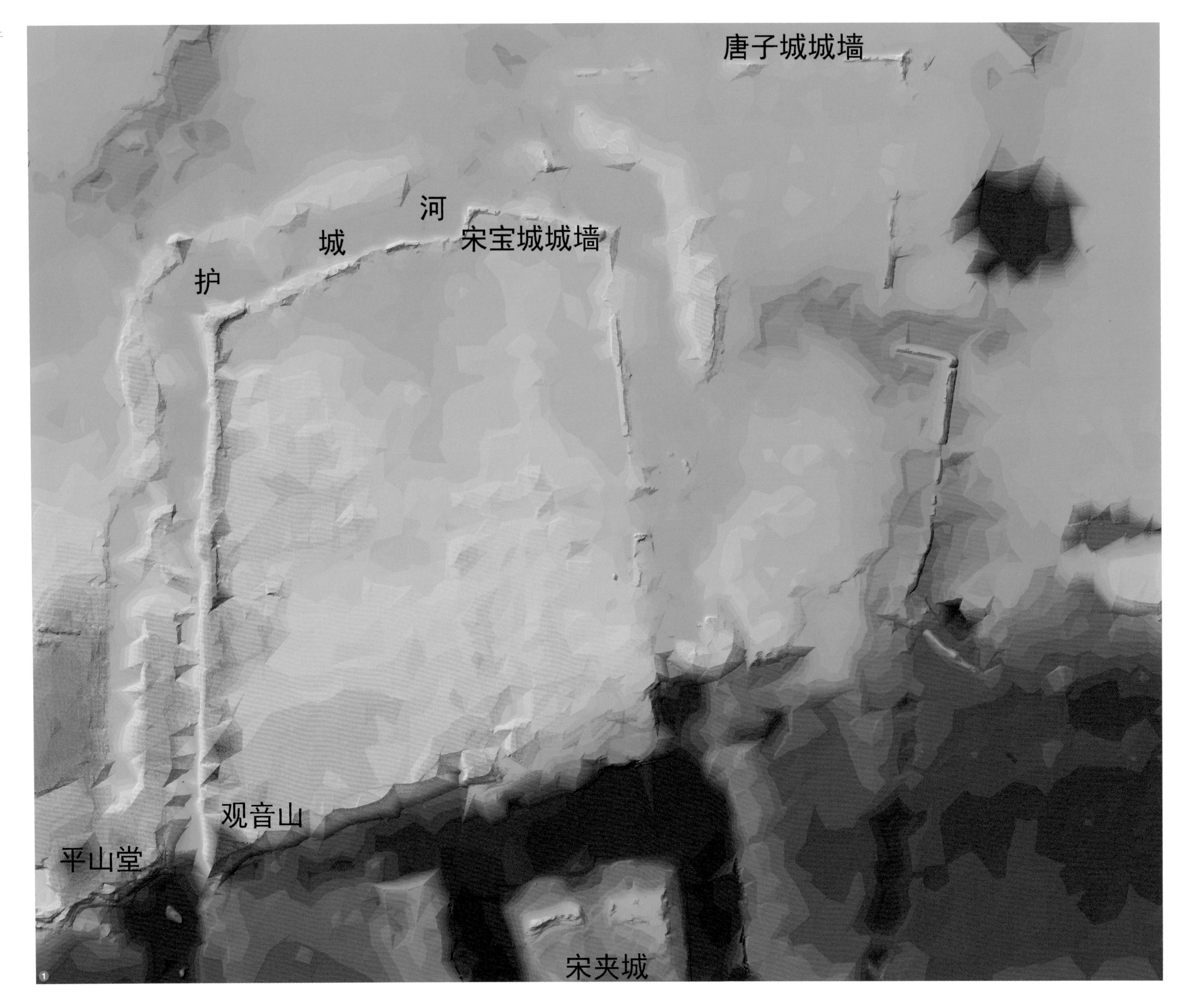

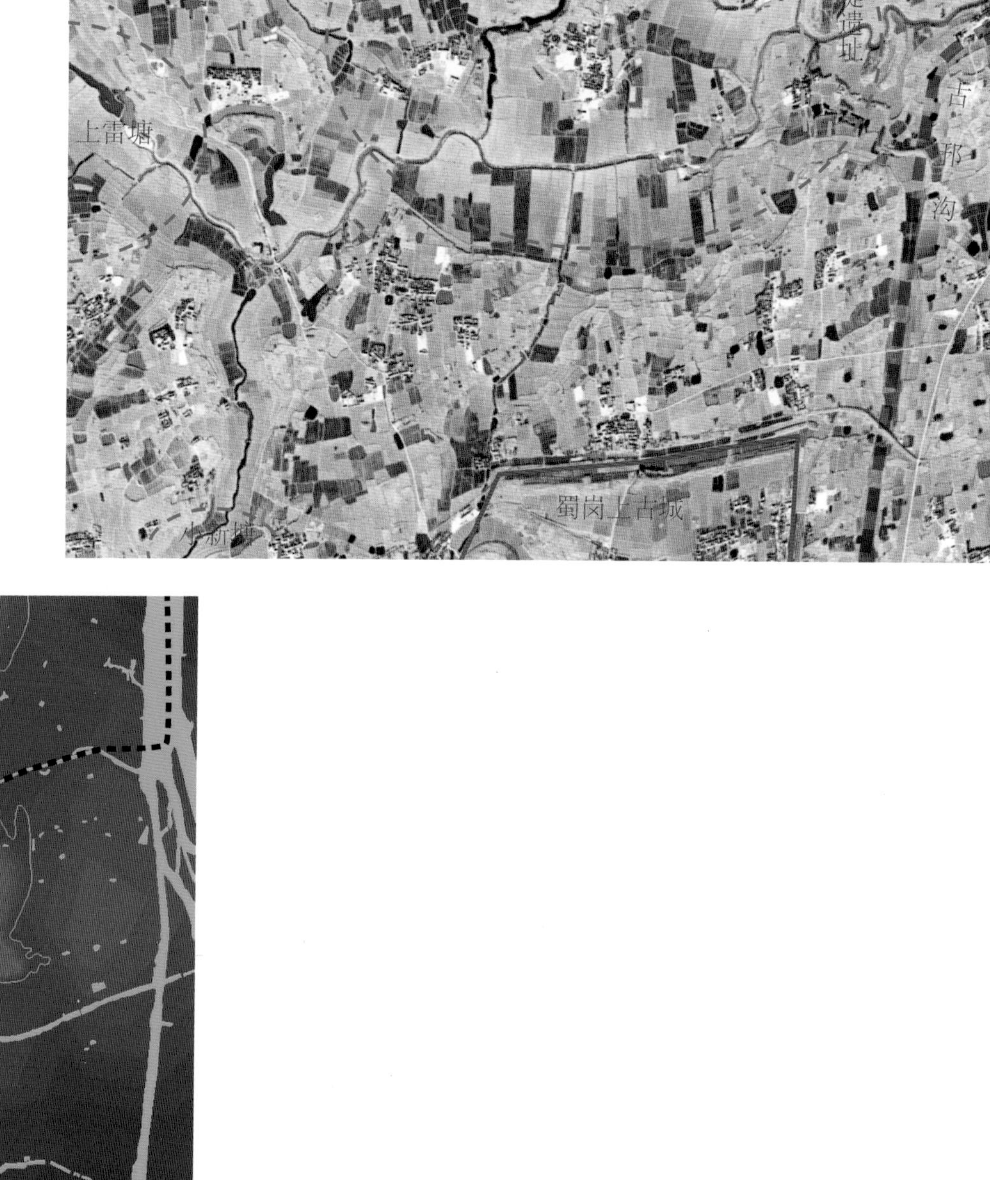

❷ 宋滩田堤遗址位置图

❸ 蜀岗三塘位置关系示意图

❶ 蜀岗上城址卫星影像图

❷ 扬州航片（1973年拍摄）

1.2 扬州城的沿革变迁

根据历史文献记载，将扬州城市的发展变迁梳理如下。

春秋战国至南北朝

《左传·哀公九年》（公元前486年）载："秋，吴城邗，沟通江淮"。这是扬州最早建城时期。战国时期，扬州属楚国。楚怀王十年（公元前319年）"城广陵"。此城首次称"广陵"。

❶ 蜀岗上城址北城墙东段出土的东晋铭文城砖（《扬州城1987~1998年考古发掘报告》图版一三）

秦代，始皇二十四年（公元前223年）灭楚后，广陵为九江郡下属县。汉高祖六年（公元前201年）正月，刘邦将楚国一分为二，立胞弟刘交为楚王，立堂兄刘贾为荆王。汉高祖十二年（公元前195年）十月，刘邦改荆国为吴国，封子侄沛侯刘濞就吴王位，都广陵，广陵城周十四里半（文献首次记载广陵城规模）。汉景帝三年（公元前154年），刘濞谋反被除杀，徙汝南王非到此任江都王，广陵改为江都国（此地首称"江都"）。汉武帝元狩六年（公元前117年），立子胥为广陵王，又改称广陵国。元封五年（公元前106年），置十三州刺史部，广陵郡属徐州刺史部。东汉明帝永平元年（58年），封刘荆为广陵王，改广陵郡为广陵国。永平十年（67年）刘荆负罪自杀，国除。东汉末期献帝建安十八年（213年），并十四州为九州，广陵郡县废。

三国时期，广陵郡处在魏吴两国争战地，广陵城郭遭毁，吴王孙亮于五凤二年（255年）派卫尉冯朝修广陵城，将军吴穰为广陵太守。

六朝时期，广陵郡先后属东吴、东晋、宋、齐、梁、陈的领地，并成为江南六朝在江北抵御或进攻北朝的据点。大规模修筑广陵城的文献记录有两次：东晋太和四年（369年），大司马桓温，徙镇广陵，筑广陵城。南朝宋孝武帝封刘诞为竟陵王，刘诞于大明元年（457年）、二年修筑广陵城。随后刘诞反叛，大明三年（459年）孝武帝派大将军沈庆之率兵攻克广陵，诛杀刘诞，屠杀三千余口城中民众，广陵城变成废墟，因故又称"芜城"。

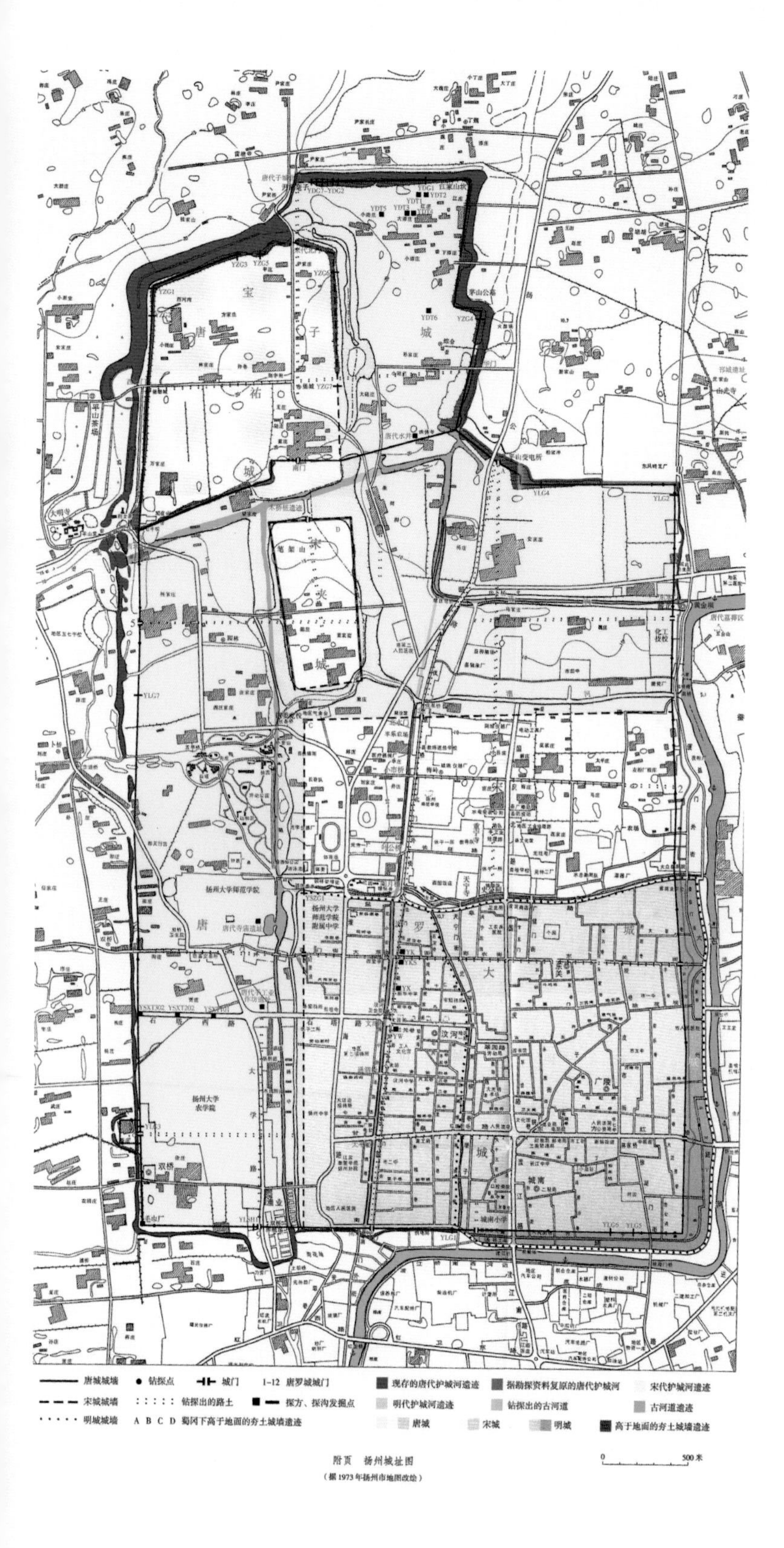

❷

❷ 扬州城遗址形制演变关系（《扬州城 1987~1998 年考古发掘报告》插页）

❸ 扬州城遗址影像图

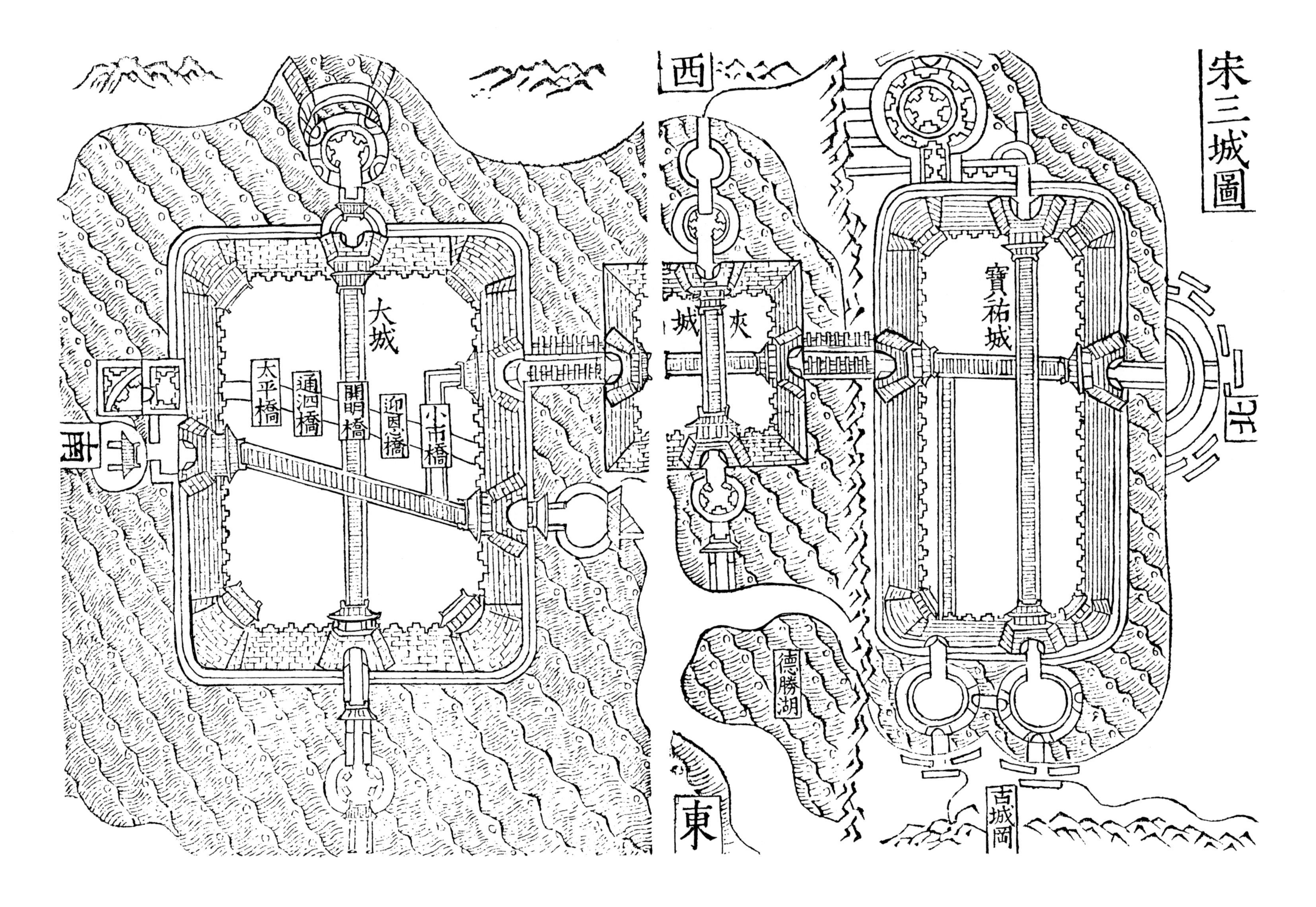

❶《嘉靖惟扬志》卷首附《宋三城图》

隋唐、五代时期

隋文帝于开皇九年（589 年）改广陵郡为扬州（首次称为“扬州”）置总管府。隋炀帝大业元年（605 年），改扬州总管府为江都郡。《隋书·炀帝纪》载“大业六年（610 年）三月癸亥，帝幸江都宫”，江都宫已成。“大业六年六月甲寅，制江都太守秩同京尹”，提升江都太守的官职级别。隋炀帝修建的江都宫应在蜀岗上，在蜀岗下的平原之地，靠运河一带已有市肆。除此之外，隋炀帝下令挖掘运河，围绕江都宫周边，营建了诸多行宫别苑和道场（寺院），使得扬州成为地位堪比大兴和洛阳的“都邑”。针对蜀岗上下的民政区域，《隋书·地理志》载：“旧曰广陵，开皇十八年改县曰邗江，大业初更名江阳”。

唐代，扬州是淮南道首府。高祖武德七年（624 年），在扬州设大都督府 。玄宗天宝元年（724 年），改为广陵郡，仍设大都督府。肃宗至德元年（756 年），改广陵为扬州，大都督名不变。唐代扬州城有子城和罗城之分，蜀岗上的子城系府城或衙城，蜀岗下的罗城建于何时，记载不确。文献记载唐代扬州筑城有两次：德宗建中四年（783 年）十一月，“淮南节度使陈少游，将兵讨李希烈，屯盱眙。闻朱作乱，归广陵，修堑垒，缮甲兵”。文宗开成三年（838 年），日僧圆仁到扬州记：“扬府，南北十一里，东西七里，周四十里”。僖宗乾符六年（879 年）载：“高骈至淮南，缮完城垒”。这是唐代末期最后一次修缮扬州城。约两百年后的北宋人沈括，记唐代扬州城址“南北十五里一百一十步，东西七里三十步”，这应是唐代末期扬州城的规模。

五代时期，江淮地区战乱增多。南唐灭吴后，于南唐烈祖李昪升元元年（937 年）建都金陵（今南京），扬州为其东都。南唐元宗李璟保大十五年（957 年），周世宗攻打南唐，元宗李璟自知东都扬州难守，放大火烧毁扬州城，强制居民迁移江南。“江淮之间东西千里，扫地尽矣”，繁荣昌盛的唐代扬州城遭到严重毁坏。周世宗柴荣于显德五年（958 年）进入扬州，“城中仅余癃病十余人”。世宗命韩令坤发丁夫万余，整理被破坏的扬州城，因人烟稀少，虚旷难守，故在故城东南隅，筑一小城，城周二十余里，与庞大的唐代扬州城相比，规模甚小，因而称为“周小城”。显德七年（960 年）柴荣驾崩，恭帝柴宗训继位，李重进移守扬州，平毁子城，修缮周小城。

两宋时期

宋太祖赵匡胤建隆元年（960 年）十一月，太祖亲征讨伐叛臣李重进，攻克扬州后，以周小城为宋代扬州城。宋代扬州先属淮南道，后属淮南东路，统辖江都、广陵两县。北宋一百六十余年，州民安居乐业，扬州又恢复了安定局面。蜀岗上的原唐代子城，被废弃不用。南宋时期，扬州地处北部边境，成为抗金、抗元的前卫基地，战略地位的重要性愈益增加，根据战争防御需要，扬州城池经数次修缮或增筑，最后形成“宋三城”的布局。文献记载修筑城池之事有：宋高宗赵构建炎元年（1127 年）九月、二年十月，命扬州守臣吕颐浩缮修城池，竣隍。宋高宗绍兴年中（1131 ~ 1162 年），郭棣知扬州，处于防卫需要，于唐代故城废墟上筑堡砦城（或称“堡城”），在堡砦城与大城中间修甬道，甬道两侧疏掘沟壕，以联络南、北二城。宋孝宗赵眘乾道三年（1167 年）与四年、宋孝宗淳熙元年（1174 年）与八年、宋光宗赵惇绍熙三年（1192 年）、宋宁宗赵扩庆元五年（1199 年）等均有修城记载。宋宁宗嘉定七年（1214 年），扬州事主管崔与之，为防金兵南下，加强扬州城池防护，浚壕沟，复作瓮城五门，开月河，置吊桥，夹城夯土墙包砌城砖。史书对崔与之浚城濠有明确记载：大城城濠周三千五百四十一丈，夹城城濠周七百三十一丈，堡城周九里十六步。宋理宗赵昀宝祐二年（1254 年）、三年，两淮宣抚使贾似道修筑堡城，包平山堂。由此称“宝城”或“宝祐城”。宋理宗景定元年（1260 年）五月，李庭芝主管两淮安抚制置司公事，兼知扬州，为阻止元兵控制蜀岗中峰平山堂，乃加大城包平山堂于城内，紧紧控制蜀岗中峰、东峰两个制高点。

春秋至南宋时期扬州城筑（修）城历史记录

表1—1

时代	筑（修）城时间	记载内容	文献出处
春秋	周敬王三十四年（前486年）	夫差筑邗城（吴国）	《左传·哀公九年》
战国	楚怀王十年（前319年）	广陵（楚国）	《史记·六国年表》
西汉	高祖十二年（前197年）	刘濞筑城（属吴）	《汉书·地理志》、《后汉书·郡国志》、《水经注》
三国（吴）	孙亮于五凤二年（255年）	卫尉冯朝修广陵	《三国志》、《资治通鉴》
东晋	太和四年（369年）	桓温征徐、兖州民筑广陵城	《晋书》、《资治通鉴》
刘宋	大明元年、二年	刘诞筑广陵城	《南史》、《宋书》
隋	大业元年（605年）至大业六年	建江都宫	《隋书》
唐	建中四年（783年）	陈少游“归广陵，修堑垒，缮甲兵”	《资治通鉴》
唐	乾符六年（879年）	“高骈至淮南，缮完城垒”	《旧唐书》、《新唐书》
杨吴	杨行密时期	“复葺之”	《容斋随笔》
后周	显德五年（958年）	韩令坤改筑“周小城”	《旧五代史》、《资治通鉴》《宋史》
北宋	建隆间（960～963年）	李重进平毁子城，修缮周小城	《宋史》
南宋	建炎元年（1127年）九月、二年十月	吕颐浩缮修城池，竣隍修城	《宋史》、《三朝北盟会编》、《建炎以来系年要录》
南宋	绍兴年中（1131～1162年）	郭棣筑堡城、修甬道、疏两濠	《宋史》
南宋	乾道三年（1167年）、四年，淳熙元年（1174年）、八年，绍熙三年（1192年），庆元五年（1199年）等均有修城记载		《宋史》
南宋	莫濛修扬州城（具体时间不详）		《宋史》

续表

南宋	嘉定七年（1214年）	崔与之加强扬州城池防护，浚壕沟，河面宽十有二丈，深二丈，濠外余三丈，护以旱沟，又外三丈封积土，复作瓮城五门，开月河，置吊桥，夹城夯土墙包砌城砖	《宋史》
南宋	绍定三年（1230年）前	赵胜浚濠	《宋史》
南宋	宝祐二年（1254年）、三年	贾似道修筑宝城，包平山堂，由此称“宝祐城”	《宋史》
南宋	景定元年（1260年）五月	李庭芝筑大城包平山堂	《宋史》

南宋扬州蜀岗筑城记录与形态变化

表1—2

时间	筑城者	筑城记录	形态结论
绍兴年中（1131～1162年）	郭棣	修筑堡城、修甬道，疏两濠	堡城、甬道（两濠）、大城（即州城）
未名	乾道三年（1167年）、四年；淳熙元年（1174年）、八年；绍熙三年（1192年）；庆元五年（1199年）等均有修城记载		夹城很可能已经出现，成为明确的“宋三城”结构
莫濛修扬州城（具体时间不详）			或延续三城结构
嘉定七年（1214年）	崔与之	《宋史》载：金南迁于汴，朝议疑其进迫，特授直宝谟阁、权发遣扬州事、主管淮东安抚司公事。宁宗宣引入内，亲遣之，奏选守将、集民兵为边防第一事。既至，浚濠广十有二丈，深二丈。西城濠势低，因疏塘水以限戎马。开月河，置钓桥。州城与堡砦城不相属，旧筑夹土城往来，为易以甓。又《菊坡集》载《扬州重修城壕记》：守扬州，登城临眺形势，谓濠河湮陋褰裳可涉，守御非宜，乃度远近，准高下，程广狭，量深浅，为图请于朝，许之，河面阔十有六丈，底杀其半，深五分广之一，环绕三千五百四十一丈，濠外余三丈，护以旱沟，又外三丈封积土……复作瓮城五门为月河，总百十七丈，而南为里河又八十七丈，西北曰堡城寨，周九里十六步，相去余二里，属以夹城如蜂腰，地守左右尤浅隘，浚之概如州城，濠计七百三十一丈……	《宋朝言行录》称崔与之知扬州时“旧筑夹土城往来”，又，《菊坡集》直言“属以夹城如蜂腰”，则可知，崔与之知扬州前，即出现夹城，而郭棣时尚不具此城垣，故大略应在二者之间的近一百年内出现夹城。“堡城寨”，则系郭棣所筑堡城之谓也。故此时结构为堡城—夹城—州城的结构。此外，据《菊坡集》可知，这一时期，仍称“市河”，崔与之时期河水已经枯竭，为供应军需物资，而深广之，又于其上建筑五座桥梁。崔与之时期，城市结构与之前没有变化，其主要贡献，在于作瓮城月河，疏浚州城与夹城壕沟，加固城防
宝祐三年（1255年）修筑堡城	贾似道	《宋史》载理宗宝祐三年，以贾似道为两淮宣抚使，筑宝祐城于州城之北。又，敕贾似道筑宝祐城诏载，“今复增堡城以壮广陵之势，朕披来图，包平山而瞰雷塘”云云。《庶斋老学丛谈》：“旧名堡城，不当用既废之名。今名宝祐城……”	史载贾似道用军三万人，历时近一年方成
景定元年（1260年）五月	李庭芝	《宋史》载李庭芝事：“始，平山堂瞰扬城，大元兵至，则构望楼其上，张车弩以射城中。庭芝乃筑大城包之，城中募汴南流民二万人以实之，有诏命为武锐军。”	南宋最后一次筑城，包平山堂

❶ 隋江都宫平面布局意象图

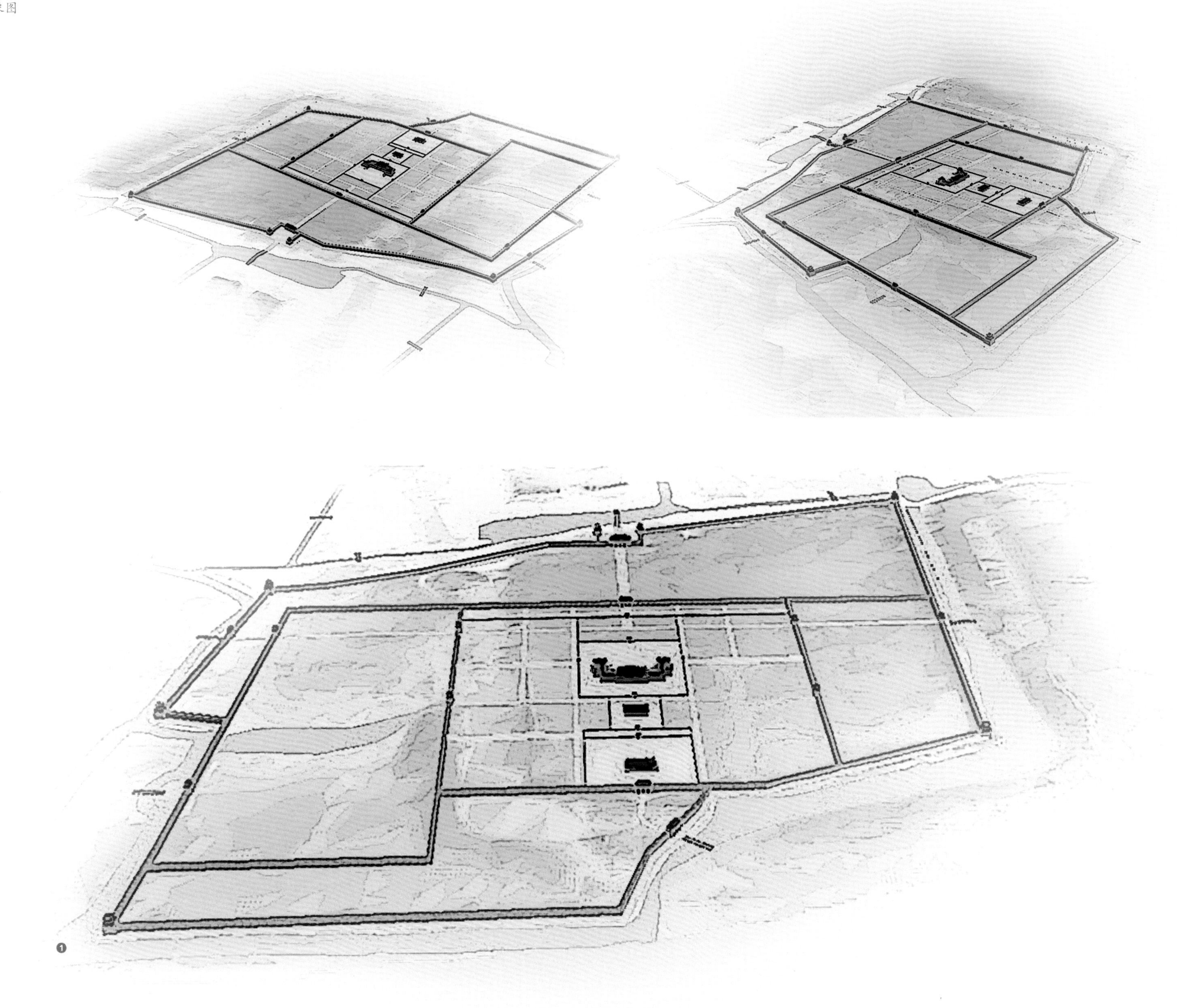

❷ 隋炀帝墓与蜀岗上古城位置关系图（根据本书出版时掌握的考古材料，隋江都宫之南墙可能在图中所示南墙之北）

❸ 隋炀帝墓与江都宫位置关系示意图（根据本书出版时掌握的考古材料，隋江都宫之南墙可能在图中所示南墙之北）

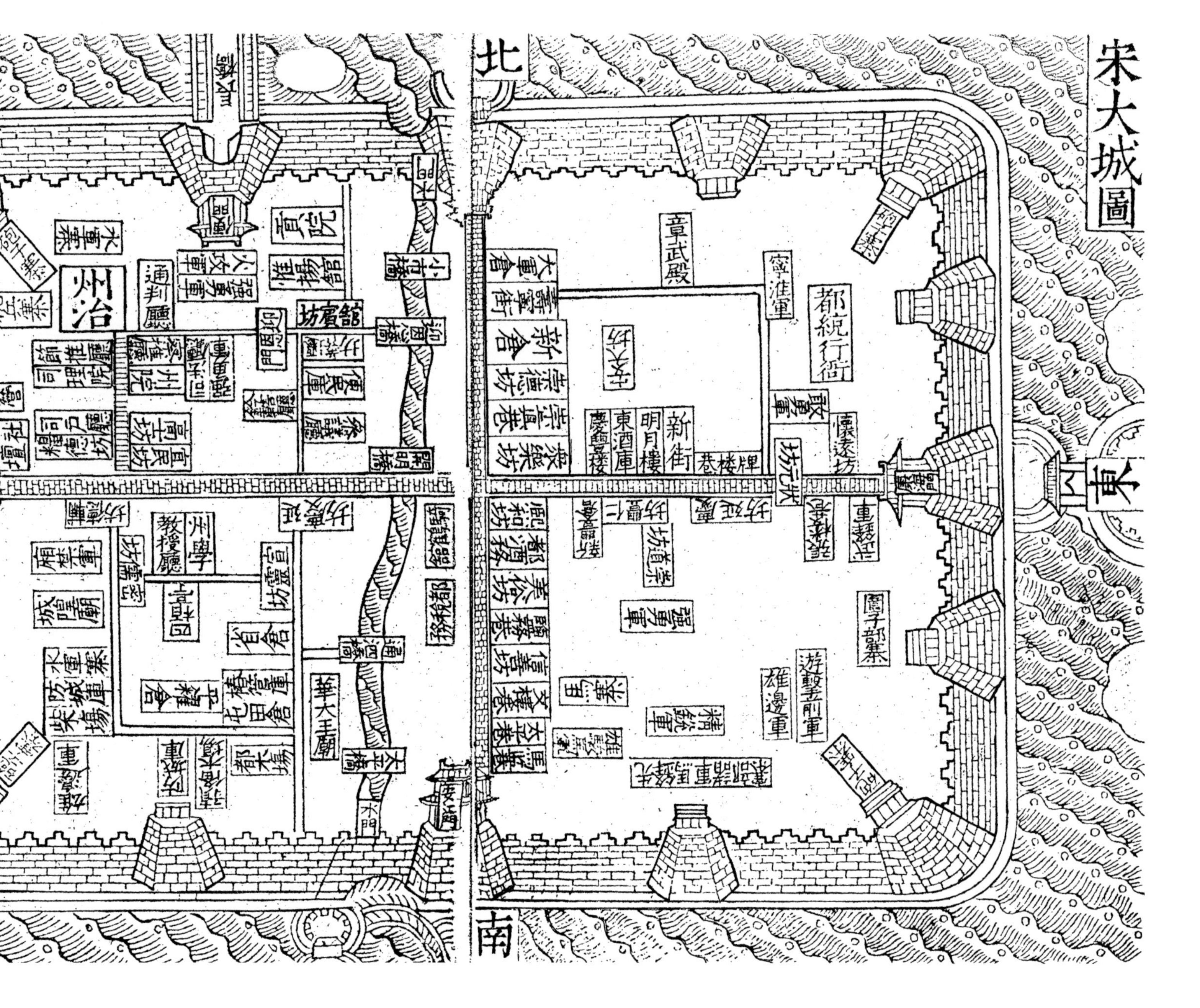

❶《嘉靖惟扬志》卷首附《宋大城图》

元代、明代

扬州属扬州路，初建大都督府置江淮等处行中书省，治扬州。元朝袭用宋州城作为扬州城，并“被选为十二省治所之一”，城市相当繁华。元末，因战乱，扬州城再次荒废，“按籍城中居民，仅余十八家”。元惠宗至正十七年（1357 年）十月，朱元璋命元帅张德林镇守扬州，“德林以旧城（指宋大城）虚旷难守，乃截城西南隅，筑而守之”，城“周围九里二百八十六步四尺，高二丈五尺……城门楼观五座”。明代，改扬州路为淮海府，继而改惟扬府，后改扬州府，江都为府治，属南直隶（今南京）管辖。“嘉靖十八年（1539 年）巡盐御使吴悌、知府刘宗仁疏通修筑水门，并浚城内市河及西北城濠，其濠周围一千七百五十七丈五尺”。明世宗嘉靖三十四年（1555 年）二至十月，知府吴桂芳依旧城（至正年修筑的城）东墙接筑新城，城周约一十里，为一千五百四十一丈九尺，城门五座，便门一座，水门二座。扬州新城和旧城相当宋大城的南半部。

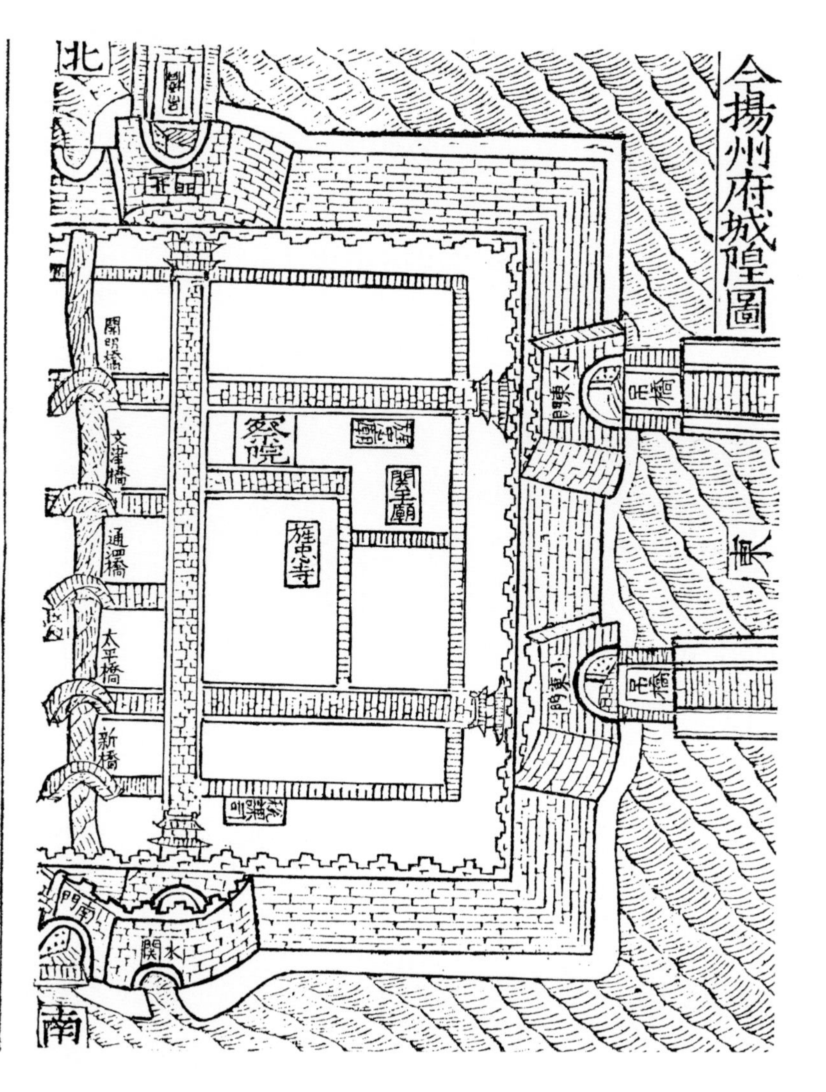

❷《嘉靖惟扬志》卷首附《今扬州府城隍图》

清朝至新中国建立初期

清代沿用明代扬州城。1916 年拆除两城之间墙。1951 年全部拆除明代城墙，变为环城路。

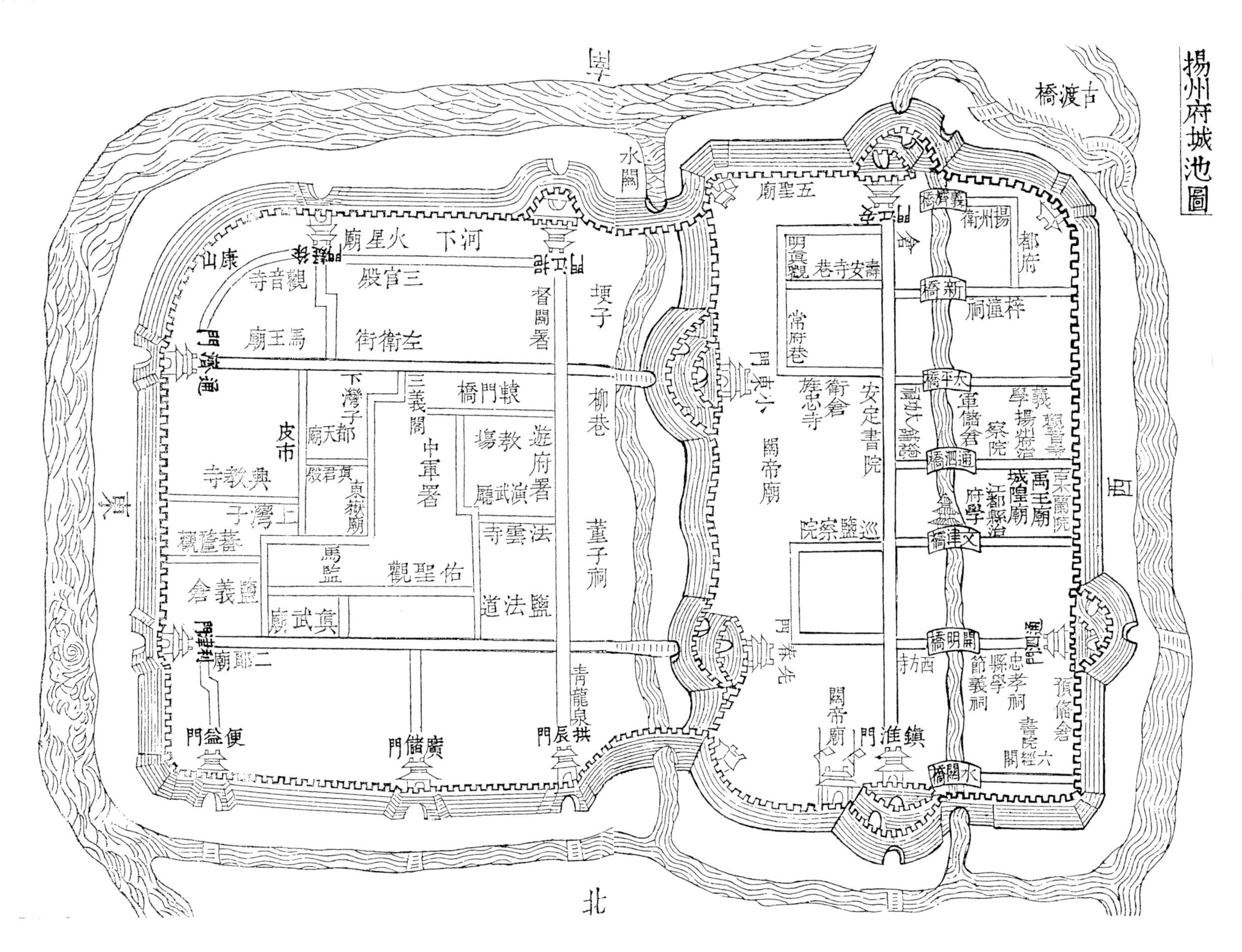

❶《康熙扬州府志》附《扬州府城池图》

揚州城市圖

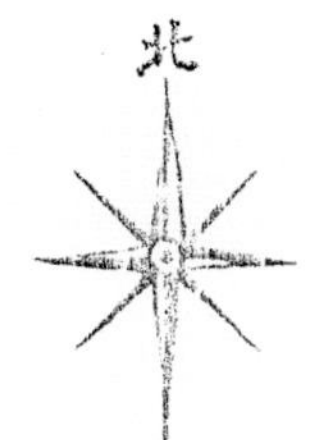

揚州為中國九州之一淮海惟揚州在江之北在淮之南在海之西曰揚州府名亦曰廣陵又曰邗江今江都縣新舊城二外合內分中有廢城門二曰大東門曰小東門通西曰舊城通東曰新城城墻拆毀城門尚在爰博採大略繪圖以便覽云

吳縣卜益調製

民國九年二月初版

民國十二年五月四版

每張定價大洋五分

揚州轅門橋林青雲齋印刷館發行

圖例

城門	城墻	水關	街巷	空地路	公署局所	廟宇祠堂	學校	寺塔 井
運河	水河	護城河 市河	橋	門	義會公所	善堂	教堂	地名

❷ 民国九年扬州城平面图（《扬州城 1987—1998 年考古发掘报告》）

合成全景图——平山堂东北（西—东）

合成全景图——平山堂南（南—北）

1.3 扬州唐子城·宋宝城遗址概况

遗址位置、保护范围和保护对象

遗址位置

唐子城·宋宝城遗址位于江苏省扬州市维扬区蜀岗—瘦西湖风景名胜区规划范围内，面积2.6平方公里，是历史上扬州城遗址（隋至宋）最重要的组成部分，也是国内保存最为完好的古城遗址之一。1996年扬州城遗址（隋至宋）被国务院公布为全国重点文物保护单位（第四批）。

保护范围

根据1963年以来的考古调查获得唐子城的范围为：南界沿蜀岗南缘，自观音山至铁佛寺东北小茅山一线；西界自观音山抵西河湾北一带；北界自西河湾北，经李庄北、尹家桥南至江家山坎一线；东界自江家山坎，经茅山公墓，达铁佛寺东北小茅山一线。城址周长约在7.85公里，城外有护城河。1996年江苏省人民政府批复实施的《蜀岗—瘦西湖风景名胜区总体规划》中，蜀岗上城址位于规划区的北部，南邻笔架山风景区，西连蜀岗风景区，东至友谊路（原扬菱公路，现瘦西湖路），北抵站前路（现江平东路），西和西北达扬子江（北）路（原扬天公路），包括了蜀岗上扬州城遗址（隋至宋）的全部及遗址周边地区。2011年完成的《扬州城遗址（隋至宋）保护规划》确定的保护范围基本涵盖了唐子城城墙外护城河（含护城河）以内区域，以及子城遗址西侧和北侧护城河以外、平山堂遗址（含平山堂）以北的城垣及沟壕，子城东墙北段外侧区域等。建筑控制地带为保护区以外20～50米不等地带。根据历史文献和考古资料，蜀岗上古城遗址始于春秋时期，历经战国、两汉、六朝、隋、唐、五代、北宋、南宋等多个时期。其中，从春秋开始一直到唐代后期，都是扬州区域的政治、军事、经济和文化中心，历史遗存层累叠加，隋、唐和宋时期只是其历史长河中的一部分。本保护展示方案涉及文物主体部分为唐子城和宋宝城的城垣和护城河，实质上涵盖了东周、两汉、六朝、隋、唐和南宋等诸多时期的城垣和护城河遗迹，同时还包括平山堂城遗存。根据2012年对南宋末护城河外侧的“大土垄”等遗迹的认定，有必要将原总体保护规划的外围控制范围调整为：南至蜀岗下平山堂东路，东至友谊路，北达江平东路（站前路南），西抵扬子江（北）路。

保护对象

蜀岗古城址的保护对象，系平山堂东路、友谊路、江平东路、扬子江路围合地块上所有与扬州筑城历史相关的考古遗存。本总则系针对该保护范围内筑城遗存中各阶段城垣及护城河的保护与展示工作所进行的整体设计。

扬州唐子城·宋宝城遗址价值

历史价值

扬州城遗址面积约 18.25 平方公里，是我国保存最好的古城遗址之一。1955 年，其隋宫城、唐子城即被江苏省人民政府公布为省级文物保护单位；1996 年，扬州城遗址（隋至宋）被国务院公布为全国重点文物保护单位。同时，扬州还是国务院首批公布的历史文化名城之一，其历史价值极高，在我国城市考古中占有重要地位。

扬州城址所叠加的丰富历史信息和城市发展的空间关系，上溯春秋，下及明清与现代，是中国特有的连续、动态历史城市发展的真实代表。扬州城址所反映的和江、河、海的密切关系，特别是作为运河沿线最重要的城市之一，反映出中国古代城市在利用自然、人工建设上的伟大成就。蜀岗古城址是隋唐“子城”制度和宋代军事堡城的重要实物见证，是中国城市发展史上极为重要的案例。扬州城是典型的“应时而变”和“因地制宜”的历史城市的代表。从吴越春秋的军事据点，到汉代的诸侯王都；从隋代江都宫，到唐代“子城—罗城”的商贸城市，以及到“宋三城”为代表的军事堡垒城市，扬州城市建设逐步从蜀岗上发展到蜀岗下，其城市功能的转型明确标记着历史变迁的节奏，是中国古代城市功能和城市空间变化的鲜活标本。从文献记载可知，春秋的邗城、战国、汉代和六朝时期的广陵城、隋江都宫、唐子城、南宋宝城等都建在蜀岗上。蜀岗区域是扬州多个筑城阶段遗存最为集中的区域，其历史价值的承载力和表现力也最强。对于蜀岗古城墙垣的考古发掘研究，证实了蜀岗地带人居使用的过程的连贯性与复杂性。

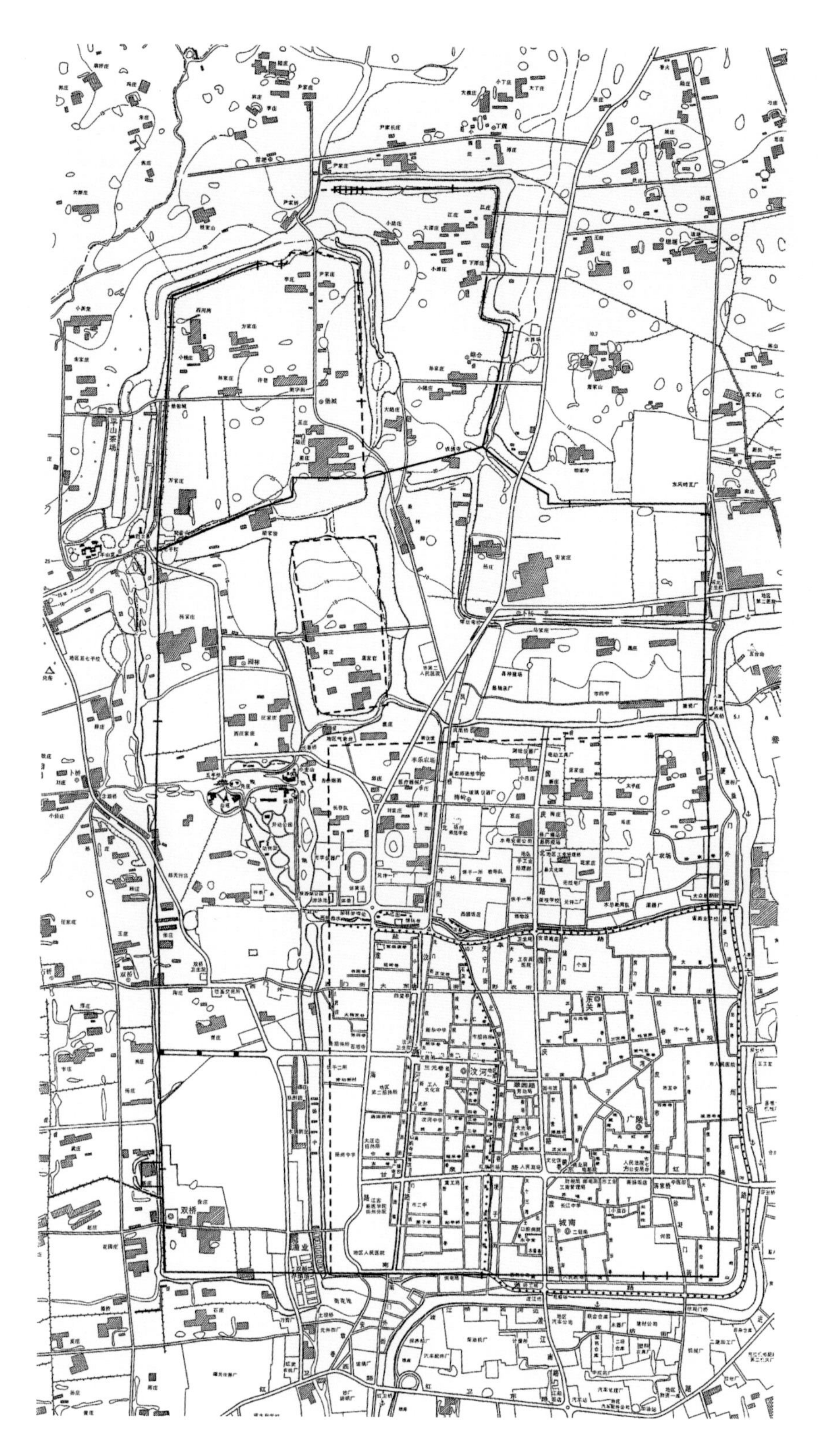

扬州城址图
（《扬州城 1987~1998 年考古发掘报告》1973 年扬州地图）

科学价值

扬州城遗址最主要的科学价值在于扬州城是我国仅见的整体结构保存完整、延续使用至今的遗产城市。自唐宋以来的一千五百多年间，构成扬州城市脉络的河渠水系、主要干道、部分寺院等一直沿用并发挥着重要作用，成为不同时期扬州城主要的组成部分。它是研究唐宋以来我国南方政治、经济、文化、军事、科学技术、水陆交通运输、中外贸易与交流等方面的“百科全书”。蜀岗是扬州城市的发源地，唐代以前的扬州城遗址集中于蜀岗之上，蜀岗上古城始终是扬州城的政治中枢。除城址和宫室建筑等外，在城址以西和以北区域，更建有离宫别苑，以隋代江都宫为代表，蜀岗上城址发展达到巅峰，同时也是整个扬州城市发展的巅峰时期。扬州城遗址是我国古代人居环境建设、人地关系和谐共存的经典实例。因地制宜，层累叠加的城池遗址，城防体系充分利用旧城，并根据地理条件巧用河系等，反映出中国古代科学建城、连续使用、自然和人工结合的成就；城址保留有清晰的人工水系，除具有历史价值外，尤其以园林建设为代表的诸多系统工程，更在视觉审美、城市环境、水系城市特色、生态人居环境方面具有重要价值。扬州城的城门遗址保存相对较好，不同时期的修缮或改建遗迹层次叠加，形态结构较清晰，是中国古代城市门址形制的活化石，其砌筑方式和建筑材料也是难得的地方城市建设技术的代表。

文化价值

扬州城的文化价值凝聚于政治、经济和军事三个方面，隋江都宫、唐扬州城和宋三城分别是这三个成就的顶峰，亦可称为“扬州文化三峰”。隋江都宫是隋统一中国、结束南北数百年动荡历史后，经济社会文化发展处于巅峰时期的代表性作品之一。后世通常将江都宫与大兴城和洛阳城相提并论，是隋代都城建设和文化建设成就的结晶之一。唐子城遗址是中华文明处于巅峰时期的实物遗存。扬州作为隋唐时期最重要的国际商业贸易城市之一，国际经济和文化交流与传播中心，在宗教、艺术、工艺等方面影响巨大。城址的有效保护和合理利用，将更加有效地促进中国和国际的友好交往并产生国际影响。宋堡城因战争防御而生，伴随着战势需求而不断增益以强化防御能力。“宋三城”所体现出的军事思想及经过实战检验的经典案例，是实证和再现中国历史上宋元之际扬州保卫战残酷战局的“活化石”，在世界古代军事文化和思想中具有十分重要的地位。

艺术价值

蜀岗城址居高临水，充分结合自然，形成丰富的轮廓线，成为扬州重要的城市景观。扬州城址和水系有着密切的关联，古运河沿岸和利用唐宋水系形成的瘦西湖沿线丰富的景观和代表性的景点、绿化，有很高的艺术观赏性。从唐子城南观，平畴绿野和古城风貌尽收眼底，视野开阔，历史沧桑历历在目。

社会与经济价值

遗址上所叠加的历史信息是扬州悠久历史和深厚文化积淀的反映，是中国历史文化名城乃至世界历史城市的宝贵财富，具有人类进步和智慧创造的突出教育意义，也是弘扬传统文化、激发爱国热情的重要内容。城址作为扬州城市文化资源的重要组成部分，保护其突出的遗产价值，对实现将扬州“建成经济强市、文化大市、旅游名市和生态园林城市，成为古代文化与现代文明交相辉映的名城”的城市发展总目标具有重大推动作用。城址的有效保护和利用，将为地区的文化、旅游、生态、农业结构调整、现代服务业的发展形成整合契机，进而带动地方相关产业的发展，有效促进地方和谐社会的建设。

1.4 扬州唐子城·宋宝城的发掘与研究现状

对于蜀岗上古代扬州城的科学发掘和细致研究始于20世纪70年代。工作重点即为初步勘探与解剖试点结合，以了解城址的形制和时代。先后在东周至唐宋城址（唐子城和宋宝城）北城墙挖掘探沟9条、西城墙2条；东周至唐代城址（唐子城）东城墙1条、宋宝城东城墙2条，还在南城墙（资料未发表）等地进行了发掘，大体了解了蜀岗上古城的主要筑城阶段、各阶段城墙遗存的主要分布范围、墙体层叠关系，初步明确了蜀岗上战国至唐代城址与宋宝城的分布范围及其筑城方式。

2011年，文物考古部门对蜀岗上城址进行了比较系统的考古勘探，勘探范围主要限于东周至唐代城址城垣范围之内，且未经现代建筑叠压的区域。

同时，还对城垣进行了简单勘探。就本研究涉及对象而言，最主要的收获是确认包裹于宋宝城护城河之外的“土垄”系夯土结构。

蜀岗上城址的研究现状对于规划和设计方案的需求而言，还存在不少缺陷，主要有：（1）城垣结构不完整，主要是部分地段城垣的走向和残存状况不清楚，尤其是南城墙和北城墙部分关键地段。南城墙整体上年代与形制不甚清楚，尤其自南城门以东至城址东南角（小茅山地带）一段，宋代以前的城墙残存状况不清楚，与宋宝城东墙的衔接方式和位置也不清楚等。东周至唐代城址（唐子城）北城墙自李庄北（宋宝城北城门附近）至尹家桥（汉至六朝城垣北城门附近）之间地段的连接方式和保存状况不清楚。目前，对于城墙的认识基础主要基于考古发掘报告，但是考古发掘报告没有涵盖全部考古资料。（2）护城河结构不完整，主要是南城墙外是否有护城河，护城河的形态等问题始终没有明确。（3）城门的设置和形态不清楚。包括各个时期的城门设置情况、城门的形制、瓮城设置及形制等。（4）已知城垣范围以内，历代构筑的其他城垣状况不清楚。（5）蜀岗中峰在历史时期形成的遗存状况不清楚，包括寺院、平山堂、平山堂城等遗存形制和保存状况不清楚。

唐子城

城址范围

城址呈不规则四边形，周长6850米，面积约2.6平方公里。城址西起蜀岗东峰的观音山，东达铁佛寺东北（今小茅山，实古城址城垣东南角），北到古雷陂之南（今江家山坎至西河湾北一线，江家山坎实古城址城垣东北角），南临蜀岗南沿的长江古岸，即今观音山下东西一线。唐子城筑在蜀岗之上，城址内部地势西半部略高于东半部。唐子城修建于春秋邗城、战国、两汉和六朝时期广陵城、隋江都宫城的基础之上，为官府衙署集中区，也称牙城或衙城。

城垣、护城河、道路系统及门址形态

城墙为土筑，考古发掘区域大多发现夯土城墙被城砖包砌。夯土城垣遗迹迄今保存较完整，高出外侧地面2～10米不等（注：加

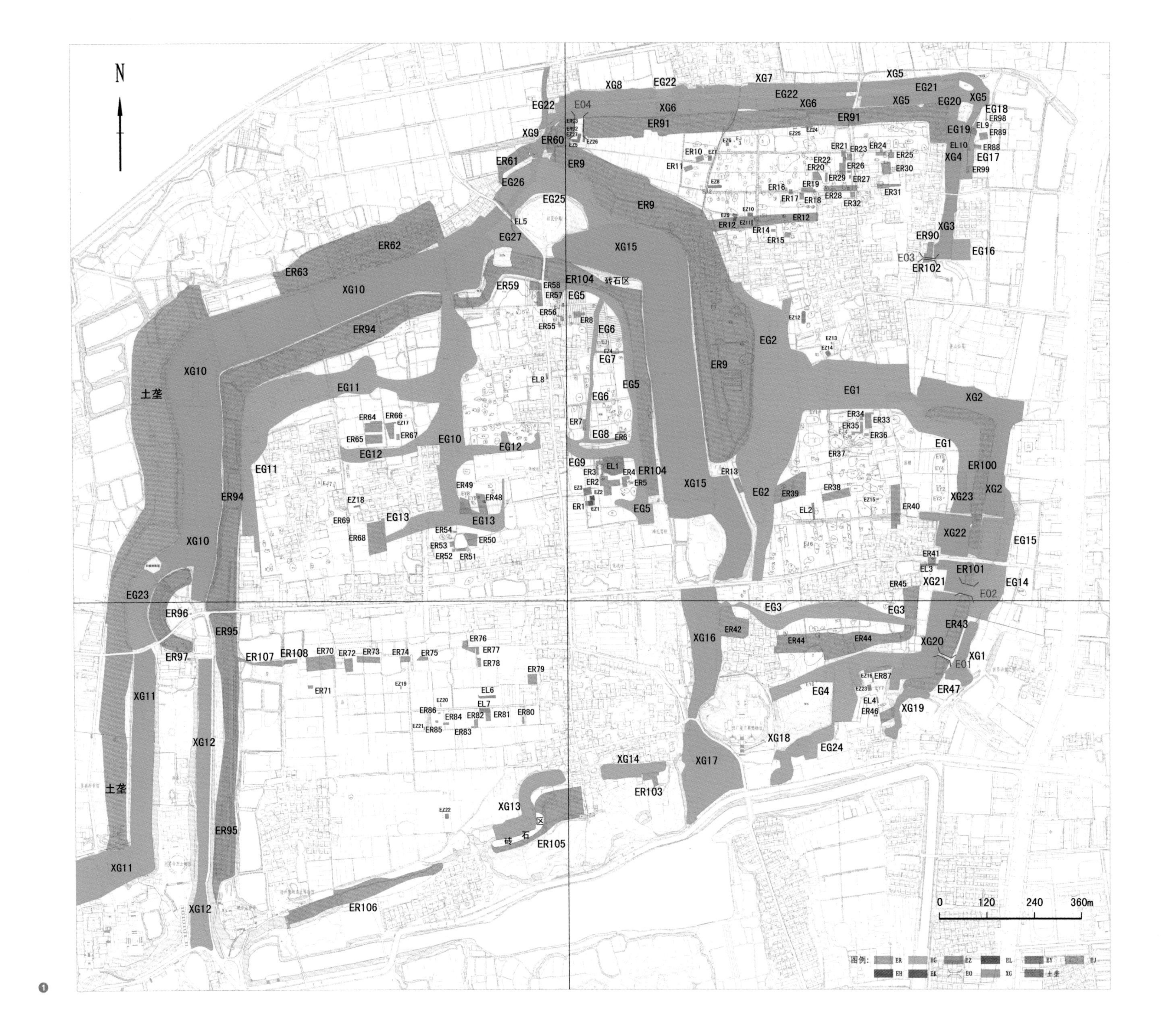

❶ 扬州蜀岗上古城址考古勘探结果总图（《扬州蜀岗古代城址考古勘探报告》）

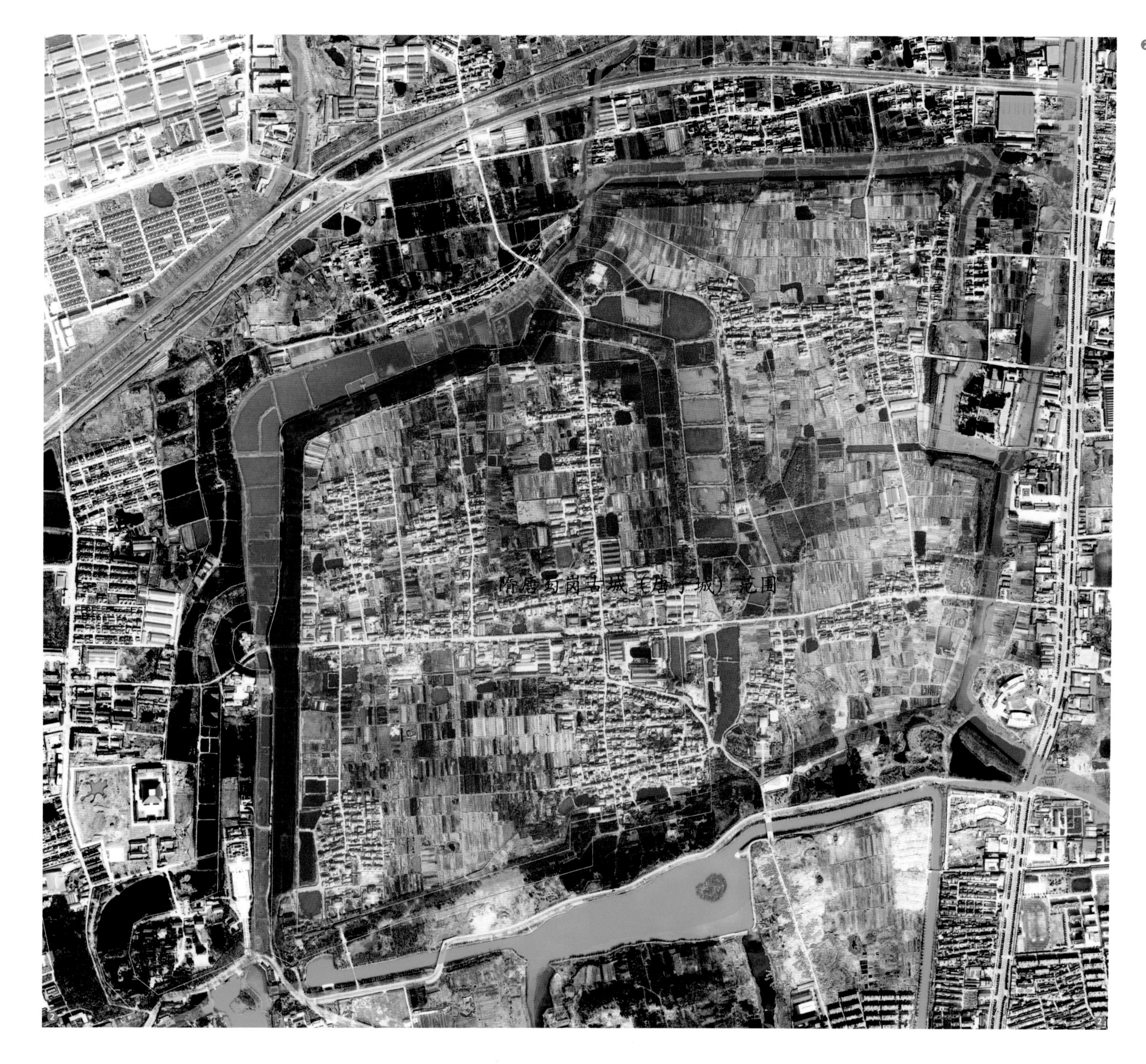

❷ 唐子城平面图

■ 墙体推测结构部分

■ 唐时使用墙体

■ 各时期护城河水体及周边水系

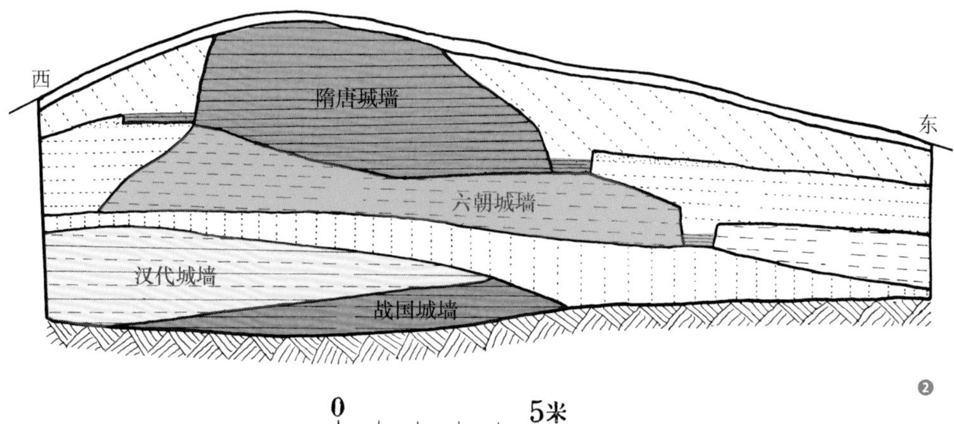

上地形因素在内），城墙基部宽逾 10 米，城墙坍塌形成的堆积宽达 30 ~ 40 米。城外护城河形制保存较好，宽 10 ~ 120 米（注：指现状水域）。子城城门系统设置尚没有确凿的考古资料支撑，估计四面至少各开一门，南墙、北墙和东墙至少发现城门遗存一处，其中东城墙北段的城门外似有瓮城残迹。此外，子城北墙和东墙上的豁口可能与水关或水门有关。

隋唐城垣的夯筑方式

隋唐城墙是在六朝城墙基础上修建的，城基宽逾 10 米。与早期城墙相比，夯层逐渐加厚，有的厚达 20 厘米，内夹杂大量砖瓦碎砾。迄今，蜀岗上城址除去城址西北城角外，其他地段考古发掘研究中，隋代和唐代两个时期的遗迹很难准确区分，所以通常称之为隋唐时期。以城西北角为例，发掘出隋代修建砖结构的城墙西北角楼内侧拐角。隋代西城墙方向为北偏东 5 度，与西北角楼呈直角相接，北城墙与角楼相接处非直角。砖城墙的构筑方法，首先顺夯土城墙外侧边缘，挖墙壁基础槽，槽内平铺城砖，基础砖与地面相平后，其上垒砌城砖，厚 0.8 米。城的壁面用特制的斜面城砖砌，内侧用长方砖砌。唐代夯筑城墙，是在隋代城墙基础上修建，夯土墙两侧也有包砖墙结构。

❶ 蜀岗上隋代城址西北城角内侧包砖墙局部（东南—西北）（《扬州城1987~1998年考古发掘报告》图版一四）

❷ 蜀岗上城址东城墙探沟YZG4北壁地层剖面图（据《扬州城1987~1998年考古发掘报告》第二章图六改绘）

❸ 蜀岗上隋代城址西北城角内侧城角基部和散水（东南—西北）（《扬州城1987~1998年考古发掘报告》图版一四）

❹ 蜀岗上隋代城址西北城角中隋代城角包砖墙平、剖面图（《扬州城1987~1998年考古发掘报告》第二章图一七）

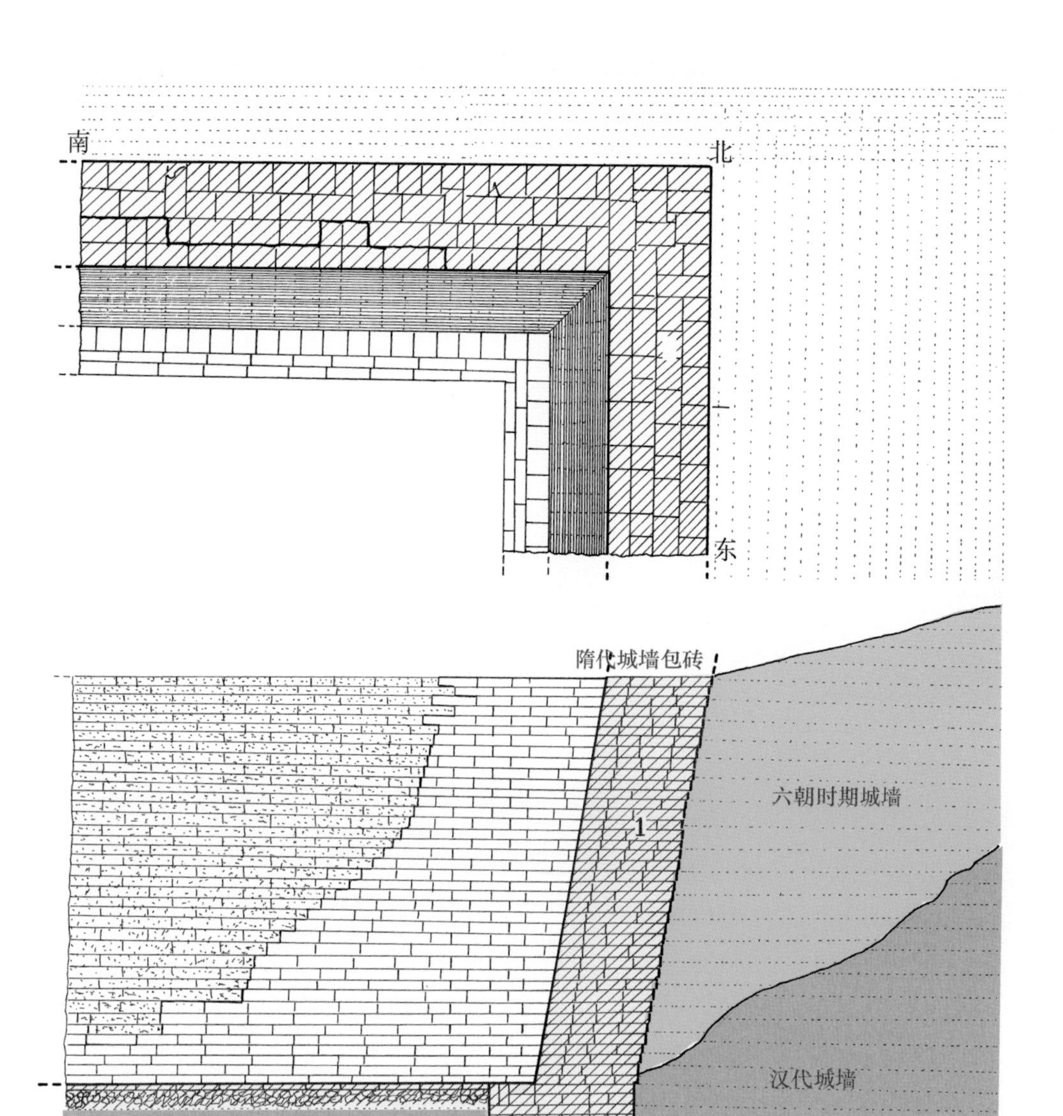

❶ 蜀岗上隋代城址西北城角内侧包砖墙（东南—西北）（《扬州城1987~1998年考古发掘报告》图版一四）

❷ 蜀岗上隋代城址西北内侧城角（东南—西北）（《扬州城1987~1998年考古发掘报告》图版一四）

宋宝城

从文献记载和现状实地分析，宋宝城最终形成系动态过程。五代后周显德七年（960 年）李重进移守扬州，平毁了唐子城。南宋时期蜀岗上有过三次筑城记载。为便于记述，这里直接使用三次筑城阶段名称，作为发展历程标志。

郭棣·堡砦城

南宋高宗赵构绍兴年中（1131 ~ 1162 年），郭棣知扬州，出于防卫需要，于唐代故城废墟上修筑堡砦城（或称“堡城”或“堡寨城”），在堡砦城与大城中间修甬道，甬道两侧疏掘沟壕，以联络南、北二城。此为南宋时期第一次筑城，亦即通常意义上常说的“堡砦城”。堡砦城是割据唐扬州子城西半城区地势较高区域改筑而成，平面近方形，城墙周长近 5000 米，城内面积约 1.6 平方公里。考古钻探与发掘研究证实，堡砦城的西、南、北三面城垣，大都沿用了残存的唐代子城城垣，以其为基础夯筑且增高。东城垣则为新筑。宋堡砦城南城墙长约 1300 米，基本沿蜀岗边缘断崖修筑；西城墙长约 1400 米；北墙长约 1100 米；东城墙墙体下城墙基槽宽约 14 米，深约 1 米，墙体基部宽约 11.5 米。墙体两侧以城砖包砌。堡砦城置五门，其中东城门和西城门大体居于城墙中部，南城门和北城门略居于偏东位置，东城墙南段还置有城门一座（今扬州汉王陵博物馆正位于东南角城门外的瓮城上）。各个城门外多有“瓮城”（注：此应该是位于瓮城之外的“羊马城”），联通城门的道路在城中偏东位置形成十字街。各城门“瓮城”本体皆与城墙分离，期间有护城河水通，“瓮城”外也环绕以水。堡砦城的形制与《嘉靖维扬志·宋三城图》中堡城的布局基本一致。堡砦城“瓮城”的形制与唐《通典》中所记录的“羊马城”基本一致。文献中，乾道三年（1167 年）与四年、淳熙元年（1174 年）与八年、

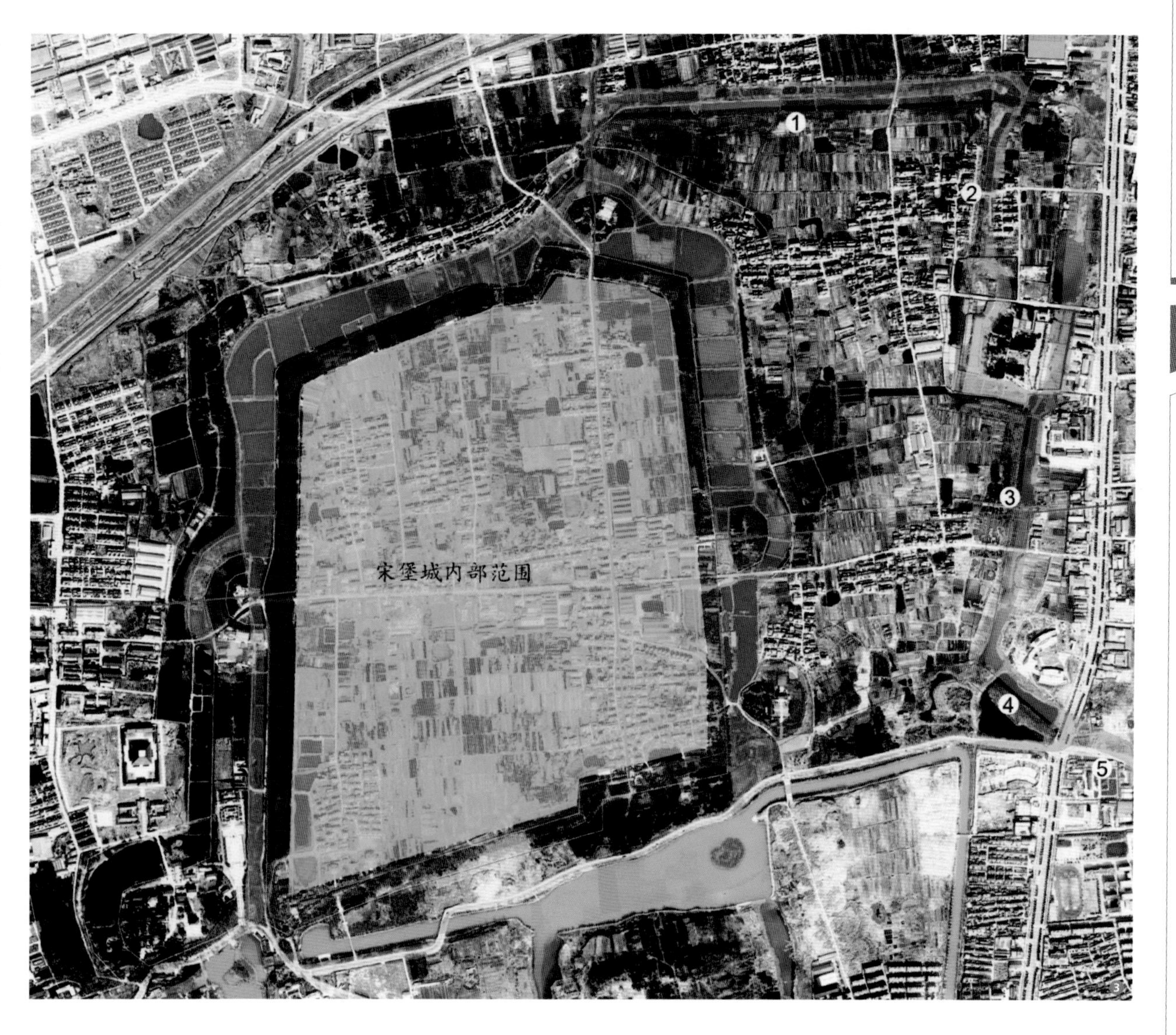

❸ 宋郭棣·堡寨城平面图
（在宋代墙垣部分 1~5 或已荒废）
■ 推测结构部分
■ 南宋郭棣时使用墙体
■ 各时期护城河水体

绍熙三年（1192 年）、庆元五年（1199 年）、嘉定七年（1214 年）等均有修城记载。其中，嘉定七年（1214 年），扬州事主管崔与之浚城濠，“堡城（壕）周九里十六步”。这些修缮记录应该是针对堡砦城而言。

贾似道·宝祐城

南宋理宗赵昀宝祐二年（1254 年）、三年，两淮宣抚使贾似道奉旨修筑堡城，敕曰“今复增堡城以壮广陵之势，朕披来图，包平山

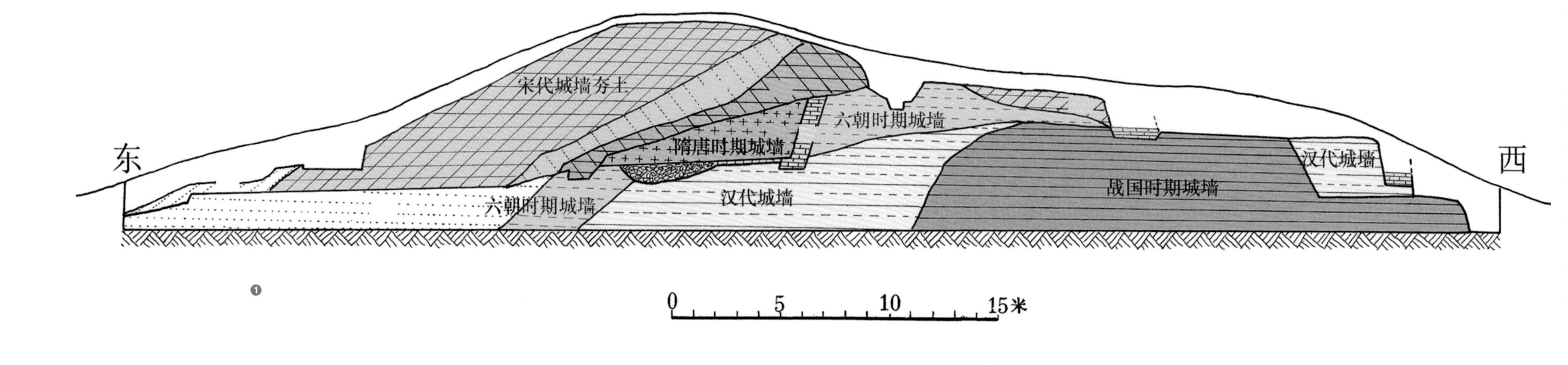

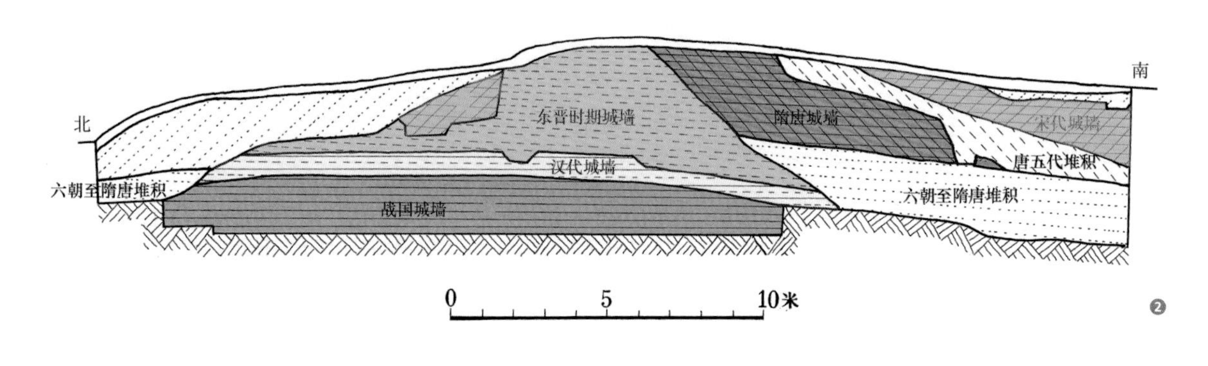

❶ 蜀岗上城址西北城角探沟YZG1南壁地层剖面图（据《扬州城1987~1998年考古发掘报告》第二章图一六改绘）

❷ 蜀岗上城址北城墙探沟YZG5东壁地层剖面图（据《扬州城1987~1998年考古发掘报告》第二章图九改绘）

而瞰雷塘”云云。平山堂位于蜀岗中峰大明寺西北角，始建于北宋仁宗庆历八年（1048年），为时任扬州太守欧阳修所建，系专供士大夫、文人吟诗作赋的场所。推测贾似道所修筑之堡城，极可能是在加固原堡砦城的基础上，于西城门外与城墙呈平行状新筑城墙一道，其北部连接西城门外“瓮城”，南端往西延伸并环绕，将平安堂包裹于内。明嘉靖《维扬志·宋三城图》中标绘有该段城墙。这样做主要的目的出于军事防御考虑，将距离堡砦城西南城角咫尺之遥的蜀岗中锋包裹在城内，进而大大缓解堡砦城的防守压力。现有遗迹表明该段夯土墙遗存长近900米，高出现地表2~3米，其中平山堂与西城门“瓮城”间残存宽度约110米（注：以其东西两侧城壕边坡计）。西侧环绕以护城河，河面宽约50米，其北端与西城墙“瓮城”外侧护城河联通。值得注意的是平山堂与西城门“瓮城”间残存遗迹宽约110米，是否不仅仅是城墙，是否还包含道路等遗存，仍有待研究。此或即宋代第二次筑城，后世因筑城年代为理宗宝祐年间，故称之为“宝祐城”。所谓的平山堂城，或许是贾似道任内，构筑包裹平山堂和蜀岗中峰时所形成的夯土城墙等遗存。

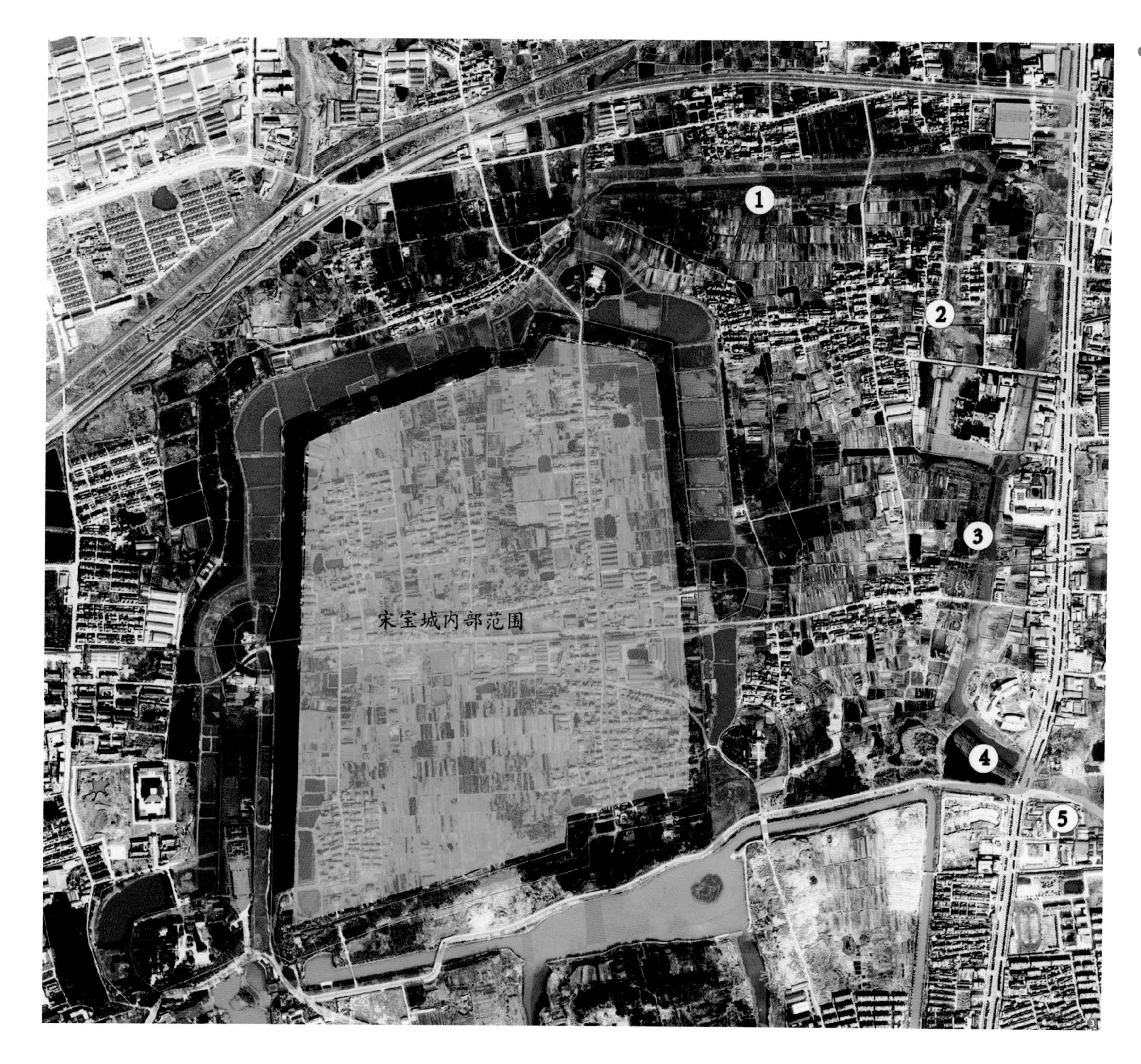

❸ 宋贾似道·宝祐城平面图
（在宋代墙垣部分1~5或已荒废）

■ 推测结构部分
■ 南宋贾似道时使用墙体
■ 各时期护城河水体

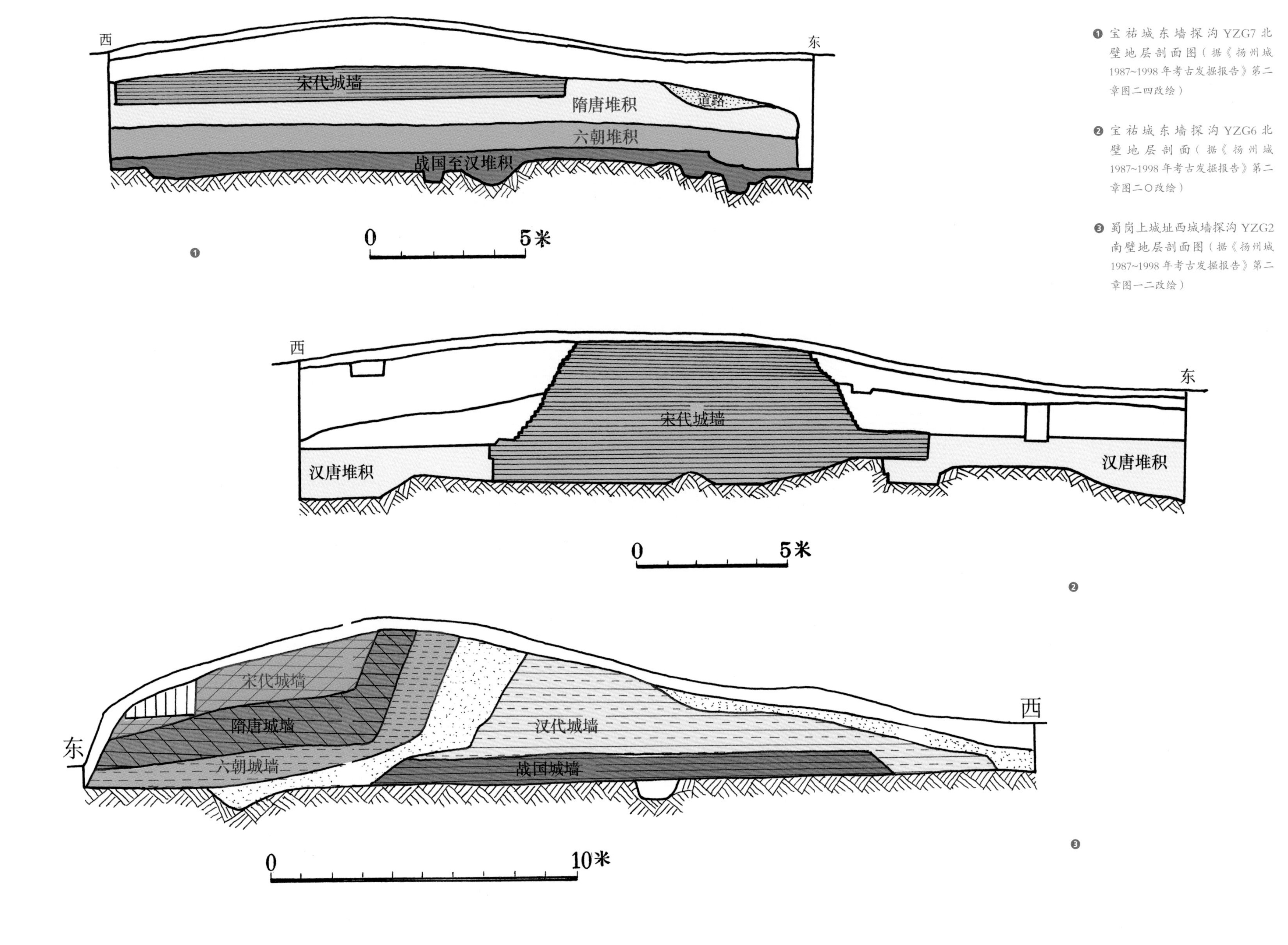

❶ 宝祐城东墙探沟 YZG7 北壁地层剖面图（据《扬州城 1987~1998 年考古发掘报告》第二章图二四改绘）

❷ 宝祐城东墙探沟 YZG6 北壁地层剖面（据《扬州城 1987~1998 年考古发掘报告》第二章图二〇改绘）

❸ 蜀岗上城址西城墙探沟 YZG2 南壁地层剖面图（据《扬州城 1987~1998 年考古发掘报告》第二章图一二改绘）

李庭芝·大城

南宋理宗赵昀景定元年（1260 年）五月，李庭芝主管两淮安抚制置司公事，兼知扬州。《宋史》载李庭芝时提到："始，平山堂瞰扬城，大元兵至，则构望楼其上，张车弩以射城中。庭芝乃筑大城包之"。从形势上分析，李庭芝认为五年前贾似道所筑的宝祐城尚不够坚固，故又在其外围又增筑了更大范围的城墙，从而紧紧控制蜀岗中峰、东峰两个制高点。此或即南宋时期第三次筑城。现有遗迹表明，除南部蜀岗前沿，在宝祐城的护城河外还环绕有夯土遗迹，包宝祐城外"瓮城"和"平山堂"城于内。现有地表高程显示，以宝祐城外护城河为界，其以东和以北，西城墙外西城门"瓮城"以北海拔高程约 20 米的范围，西城门"瓮城"外以南海拔高程约 25 米的地带等，亦即此夯土城垣的分布地带，其地势高出其外侧地表 1 ~ 10 米不等（含地形因素）。城垣现地表残存形态为一"封闭性"的"大土垄"。其东垣南起宝祐城东城墙南段城门瓮城外侧蜀岗南沿断崖（以往文献认为，该地段系唐子城南门以东地段，南城墙保存最佳者，或许更主要的缘由系南宋末李庭芝修筑大城之故；该地段是大城东城墙的南端），北至宝祐城东北城角城壕之外，南北长约 1270 米，残存遗迹最宽约 130 米。其北垣沿宝祐城城墙和护城河的走势，自东北角先向西北，再折而西南至宝祐城西北角城壕外侧。该段城墙长约 1730 米，残存遗迹最宽约 110 米。其西垣南至平山堂城南侧蜀岗断崖，长约 1520 米，残存遗迹宽约 40 ~ 102 米。"大土垄"外应有护城河，目前迹象比较清楚的仅剩下西垣外区域，北垣外也有些迹象。

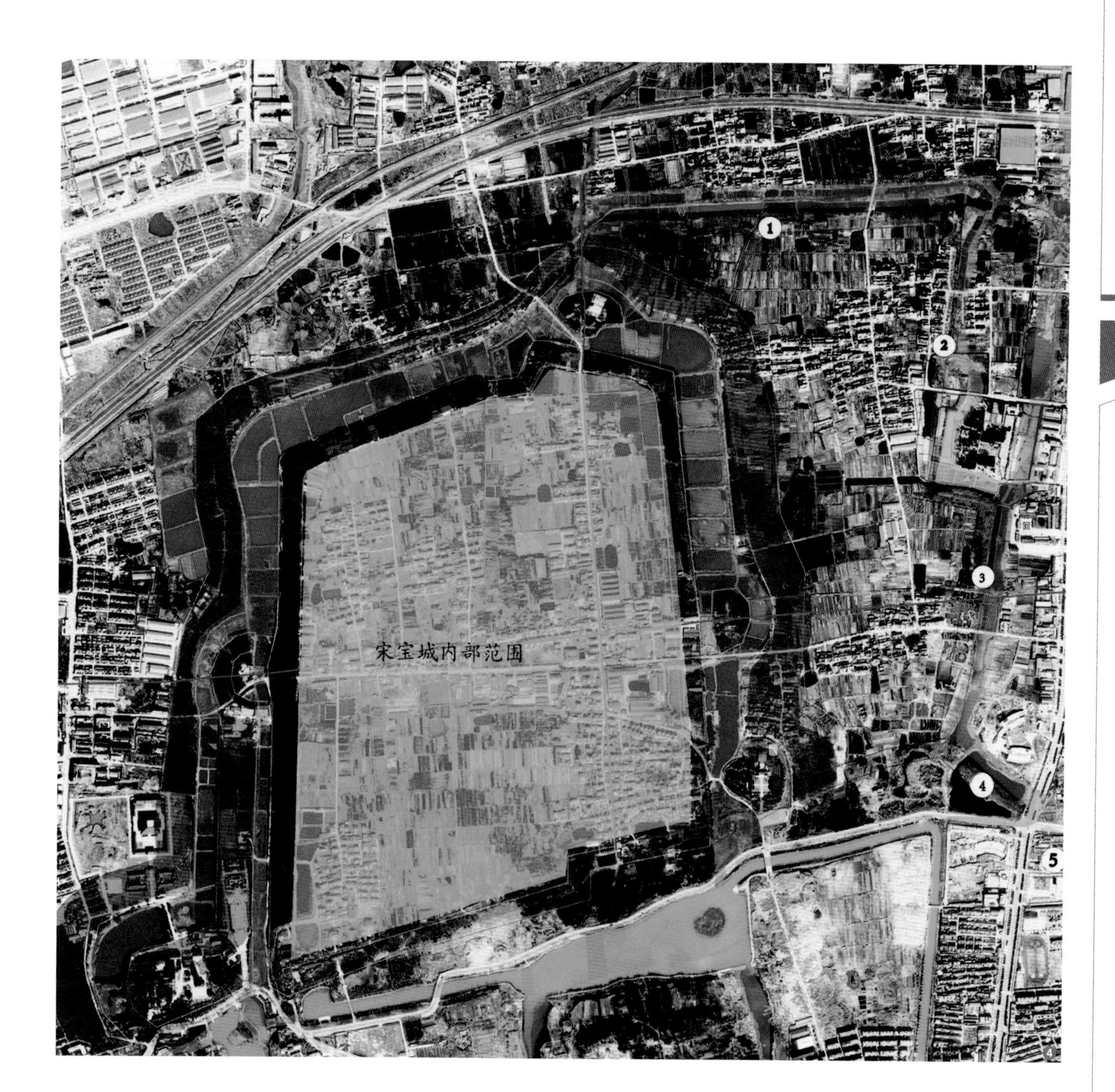

❹ 宋李庭芝·大城平面图
（在宋代墙垣部分 1~5 或已荒废）
■ 推测结构部分
■ 南宋李庭芝时使用墙体
■ 护城河水体

1.5 遗址本体保存现状与压力

城垣及门址本体保存状况及压力

蜀岗上城址的城墙，除西城墙（东周至南宋时期）和中间城墙（南宋时期）为笔直的南北走向外，其余三面城墙皆非直线形。城墙面对的压力主要来自取土活动、耕作活动、近现代墓葬与墓地、树木栽种与移植、房屋建设与占压、道路修建与通过、水塘挖掘与侵蚀，以及雨水冲刷与沟壑发育、植被根系深入等。每道城墙和城门的具体情况如下。

❶ 唐子城东北角地表状况（北—南）

唐子城城垣、门址保存状况及压力

1. 东城墙

南起铁佛寺东北约130米的土墩处（即茅山），也即城址东南城角，由此向北偏东5度延伸700米，然后向西直折约200米，又北折约700米至江家山坎的土墩处，全长约1600米，城垣遗存整体轮廓保存较好，现地面可见高度2~5米者接近50%。江家山坎的土墩比周围地面高出约7米，应是城址东北城角遗迹。东墙北段自江家山坎往南至茅山公墓，主要的问题是，北部建设缺乏控制，许多民居直接建筑在城墙之上，对城墙造成严重破坏；南部被取土和耕地活动破坏更加严重，不少地带城墙夯土或从地表消失，或形态残缺不全。除此之外，现代墓葬、树木根系和道路通过也对城墙遗址形成一定破坏，尤其茅山公墓地段，现代坟墓直接占压破坏墙体。南段为自茅山公墓至“东华门”，再至小茅山段，最主要的问题是出现沟蚀、基建破坏和坟墓占压，尤其位于南半段的耕地和池塘挖掘，对城墙夯土造成严重破坏，与保存较好的北半地段相比，相当部分地段的城墙夯土已经失去原有的形态。东城墙有一条早期考古发掘探沟未完整回填，导致出现横切墙体沟壑。东城墙面临压力主要来自现代村落建设与占压、取土活动、沟壑与断面治理、水土保持、农业耕作、植被根系和现代墓葬。

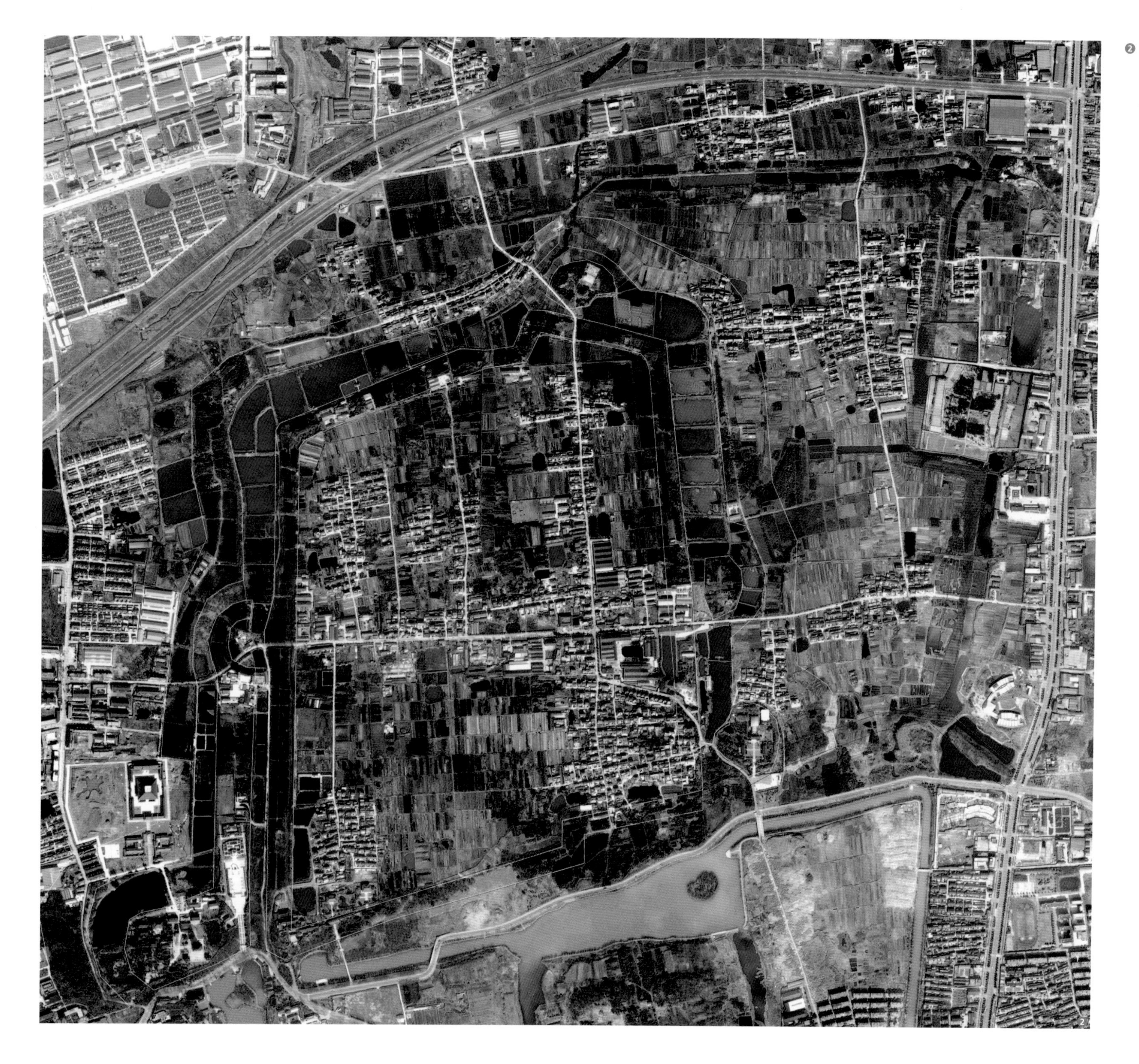

❷ 唐子城东墙留存范围轮廓

❶ 唐子城北墙上新挖掘的树坑及栽种的树木（东—西）

❷ 北墙上的考古发掘探沟（北—南）

2. 北城墙

北城墙大体为东北至西南走向，由走势形态可分为东段、中段和西段，全长 2020 米，城垣遗存轮廓保存较好，现地面以上可见高度多在 2 米以上，相当部分高度超过 5 米（含位于北城墙西段的宋宝城城垣遗存），最高达 10 米。其中：东段城墙，东起江家山坎，西到尹家桥，长约 920 米。北城墙面临压力主要来自房屋建设和占压、取土活动、沟壑与断面治理、水土保持、农业耕作、植被根系和现代墓葬。其中，西半段为尹家桥、尹家长庄和小魏庄南侧一线，主要病害是城墙被挖掘取土严重，留有大量取土坑，致使大部分地段城墙形态缺损严重；小魏庄南至江家山砍地带为东半段，除西部约 50 米被平毁严重外，其他部分城墙形态保存相对较好。除此之外，耕种、芦苇地、近现代墓、穿越道路和沟壑等也对城墙形成较大影响和破坏。另外，北城墙东段有若干早期考古发掘探沟未完整回填，导致出现横切墙体沟壑。中段城墙，由尹家桥折向南偏西至李庄北，长约 400 米。墙体被宋堡城北门瓮城和护城河破坏严重，迄今难以准确了解其走势和形制。西段城墙，从李庄北向西偏南至西河湾村西北城角止，长 700 米，延伸趋势明显。墙体上部有多处现代建筑，其中偏东地段城墙内侧堆积被挖掘取土较甚，与西段比较，堆积宽度仅约为其二分之一。灌木较多，尤其乔木树种种植更多，栽种和挖取都对遗址本体造成较大伤害。位于李庄之北的城墙，有一缺口，今称之为“北水关”，现这里仍为一潭水。另外，乔木和灌木的根系对城墙的影响较大，树林中分布较多近现代墓葬，对城墙本体造成影响伤害。

❸ 唐子城北墙东段（南—北）

3. 西城墙

南起观音山，向北偏东5度笔直延伸，至西河湾村西北城角止，全长1400米，城垣遗存轮廓保存较完整，外形颇为壮观，现地面以上可见高度2~10米（含宋宝城城垣遗存和地形因素），多数地段高度超过5米。城角西北角楼已经被考古发掘实证。西南城角为蜀岗上的最高点之一，有“东峰”称谓。其地下遗存的具体情况由于禅院建筑占压故目前尚不清楚。西城墙面临压力主要来自现代村落建设和占压、植被根系、水土保持和断面保护。其中，西城墙南端被观音山寺院所占领，修建了不少建筑等，对城墙本体造成较严重破坏。观音山北侧有道路横穿城墙遗存所形成的剖面风化损毁较甚。另外，通过西城门和“瓮城”的现代道路切割城墙夯土所留下的断面缺乏保护措施；西城门以南，残存城墙顶部建有养鸡场一所。目前，城墙墙体表面，从观音山以北至子城西北角处以南为茶园，几乎为茶树、灌木等低矮植被完全覆盖。土壤出现腐殖，有小冲沟发育。尽管墙体出现局部的缺口或塌陷，但总体固土状况较为良好，土壤流失量较小。西城门处，垃圾倾倒现象严重，房屋建设过度，交通通过量较大。西城墙有早期考古发掘探沟未完整回填。

❶ 西城墙南段断面（西南—东北）

❷ 位于西城墙顶部的养鸡场

❸ 西城墙上茶园(南—北)

4. 南城墙

西起观音山，顺蜀岗南缘，以北偏东 70 度方向自西往东延伸约 800 米，至梁家楼（该村已经拆迁，地块变为草地）东，城墙向东北折后再折而东经董庄村南口，至铁佛寺东北，与城址东南角土墩相接，全长约 1900 米。南城墙大部分残存在地面以下，仅董庄西侧至原梁家楼段现地面以上保存一段夯土城墙，残存城垣遗存断面高出现地表 5 米以上。汉王陵博物馆及其东南地带，铁佛寺北等，约占南城墙长度一半的地段，夯土城垣保存最差，个别地段城墙夯土几乎已无存。考古勘探表明南城门位于董庄南侧台地边缘之南，城门附近遗迹堆积十分复杂。南城墙的结构和年代细分等研究尚待开展。城墙面临压力主要来自村落建设和建筑占压、植被根系、水土保持和农业耕作等。其中，对南城墙影响较大者为观音山寺院及扬州唐城博物馆等建筑基址占压、冲沟发育（原梁家楼地带、铁佛寺北）以及宋代筑城活动破坏（汉王陵博物馆及其东南地带）等。南城墙经过地带，现地表多种植乔木和生长灌木，绿化面积较大，根系破坏夯土情况严重。原梁家楼东北侧，夯土墙体断面暴露，局部土壤出现垮塌现象。子城南城门往西地段，土壤腐殖严重，本体多被挖取，植物根系影响严重，且本体多处用为苗圃。

宋宝城城垣、门址保存状况及压力

宋宝城的西城墙、南城墙全部以及北城墙大部分系利用唐子城城墙修建，目前发现城门 6 处，西城墙和南城墙中部各 1 处，北城墙

❶ 蜀岗南沿（南—北）（《扬州城 1987~1998 年考古发掘报告》图版一）

和东城墙上各 2 处。宋代新修建部分仅为东城墙全部和北城墙东段，以及西城门、北城门和东城门外，三面城墙四个地点共四个城门外的“瓮城”。由文献记载判断，初始应始为郭棣所修筑；贾似道所新修的城墙应为包围平山堂城的城垣，以及平山堂城以北与西城门外“瓮城”之间地带的城墙遗存。

1. 宝祐城西城墙及城门

西城墙的状况参见唐子城西城墙。西城墙中段保存着豁口状的城门遗迹，当地人称之为“西华门”，西门外残存半圆形“瓮城”及月河。经钻探了解到，既往修公路时，西门遗址门道两侧被拓宽，城门遗迹被破坏。西城门外“瓮城”形体态势保存较好，“瓮城”夯土墙结构保存较为完整，从剖面推断夯筑城墙基宽约 16.4 米（含倒塌堆积），残存顶部遗存高出“瓮城”内现地表 3~4 米（高出“瓮城”外侧现地表 4~5 米）。西城门及“瓮城”面临压力主要来现代村落建设和占压、植被根系、水土保持和城墙豁口修路等。其中，“瓮城”南侧被取土活动破坏且为现代建筑占压，人居活动、垃圾堆放等行为对“瓮城”及西墙主体构成一定影响；现代道路从被破坏的豁口穿过。“瓮城”内部也有若干现代建筑。“瓮城”墙体上主要种植茶田，固土作用明显。

平山堂城的城垣形制、规模、保存状况等皆不清楚。

位于西城墙外的平山堂城以北与西城门外“瓮城”之间的城墙遗存的形制、保存状况等皆不清楚。地表现存状况为其南段为现代建筑（烈士陵园）占压，陵园建筑北侧建有若干现代建筑；北段与西城门“瓮城”结合部近百米地段为现代取土活动所破坏，高度降低约 2 米多，且已经建有房舍。除建筑覆盖和表面硬化外，其他区域地表覆盖物以乔木和灌木为主。城墙面临压力主要来现代建筑占压、植被根系、取土活动和水土保持。

❷ 宋宝城西门遗址

❸ 平山堂及观音山地表占压状况

❶ 北城墙残存现状（西—东）

❷ 宝祐城北城墙及城门部分卫片截图

2. 宝祐城北城墙及城门

宋宝城北城墙西段状况参见唐子城北城墙，其东段城垣态势保存比较良好，结构相对完整，其上遍布乔木和灌木，局部区域盖有现代房屋，夯土破坏较甚，面临压力主要来自现代村落建设和占压、植被根系、农田、水土保持、沟壑和近现代墓葬。北城墙东段的城门豁口有现代道路穿过，城门外“瓮城”几乎为近现代回民公墓所占据，“瓮城”城墙遗存密布雪松等乔木。“瓮城”夯土城墙轮廓保存相对较差，近东半部现地表可见城垣遗存，残存顶部遗存高出“瓮城”内现地表1~3米。

3. 宝祐城东城墙及城门

东城墙南起董庄东侧，向北笔直到尹家庄东北，长约1200米，形制态势保存相对较好，多数地段城垣遗存高出城内侧现地面1～7米不等，位于东北城角的东城墙北端保存最高。宝城东墙破坏相对较严重，面临压力主要来自现代村落建设和占压、植被根系和农业耕作。其中，位置居中的东城门以北区段，地面可见城垣轮廓，夯土城墙上罕见现代建筑，破坏因素主要是乔木根系破坏。东城门以南区段城墙多为现代村落和厂房等所覆盖，基本失去城墙形体态势，地面断续可见城垣轮廓。城墙上发现有南、北两个城门，城门外有“瓮城”。东城墙北门和南门的门道位置及形制皆不甚清楚，“瓮城”轮廓保存相对完整，“瓮城”夯土城垣破坏严重，形状不够完整。其中，东城墙北门“瓮城”城垣残存顶部遗存高出“瓮城”内现地表1~3米，“瓮城”内地表多为乔木和灌木，根系破坏夯土情况严重；东城墙南门“瓮城”则为广陵王博物馆所占压。

4. 李庭芝·大城垣

在传统意义上的宋宝城外围，除南面蜀岗边缘外，存在几乎环绕一周的夯土城垣遗存，或云“大垄”等，整体状况保存较好，形制态势比较明确。从文献记载分析，应为南宋末年李庭芝修筑的城址。《宋史》载“庭芝乃筑大城包之”。因此，为便于区分，暂且使用“李庭芝·大

❸ 宝城东墙北侧瓮城占压状况

❹ 宋宝城东城墙南侧城门遗址（“瓮城”被汉王陵博物馆占压）

城”来称谓。关于该遗存的认识，需进一步深入开展考古工作。

（1）李庭芝·大城西城墙

南自平山堂城护城河西侧蜀岗南缘断崖，沿平山堂城垣外侧护城河外再往北至西城门瓮城外，更往北至宝城护城河西北角外，全长约1500米，宽40～100米，形制态势基本保存，外侧高出现地面1～4米不等。城墙面临压力主要来自现代建筑、植被根系和水土保持。其中，位于平山堂城北部的南段城墙，现为鉴真学院、厂房和商品房等占压；除平山堂西侧地段和西北角区域为乔木和灌木外，其他地带大多为茶树覆盖，植被状况较好。中部至北部墙体上辟有小径。

（2）李庭芝·大城北城墙

北城墙随宝城北城墙护城河态势而筑，全长约1700米，宽约70～110米，形制态势保存相对较好，高出外侧地面1～10米不等（含地形因素）。在宋宝城北城门瓮城北侧，现有通往城墙外部的水道（原始关系不清楚）。城垣保存状况相对较差，西段近一半地段为现代村落所占压，其余地段大多为耕地。部分地段为水塘所毁。东段除东北角为村落占压外，其余地段皆为耕地占用。目前，大城北墙的留存范围仍有待进一步明确。城墙面临压力主要来现代村落建设和占压、植被根系、水土保持和农业耕作。

（3）李庭芝·大城东城墙

自东北城角往南延伸至汉王陵博物馆东侧蜀岗南沿，全长约1300米，现地面城垣遗存轮廓保存相对较好，宽约60～110米，高出外侧现地面1～3米不等，除北部和南部少部分为现代村落占压外，其余多数地段以耕地为主，部分地段植被为乔木和灌木。目前，大城东墙的留存范围仍有待进一步明确。城墙面临压力主要来现代村落建设和农业耕作。

护城河保存状况及面临压力

当前的护城河现状是数千年蜀岗历史变迁过程的结果，受水环境客观条件所限，目前所见到的护城河与历史上各个时间的遗存尚没有条件进行一一对应。已知护城河水域轮廓的保存状况总体普遍相对较好，现状是大多被分割成为水塘从事种植和养殖业，割裂严重。面临的共同压力是淤积、水位保持和水循环困难等。

唐子城西墙外侧护城河

以西城门为界，南段自观音山以北至西城门段，南部干涸和淤积较严重，虽遗存形态轮廓尚在，但多数水体不具，水体和沟壑垃圾等污物污染严重。北段水体较宽，形态较为完整。

唐子城北墙外侧护城河

除北门区域水道淤积较窄，水质污浊，两岸部分地段被辟为耕地外，其他地段现均已辟为水塘。水面开阔，形态较为完整。目前，唐子城北城墙外东段有大体呈平行状的两条水域，中间为隔离“堤岸”。“堤岸”的成因是后期淤塞后分割水域成水塘所致，具体成因有待考古工作实证。

❶ 西城墙外护城河现状（南—北）

❷ 西城墙外护城河现状（北—南）

❸ 西城墙外护城河及包平山堂的夯土墙（东—西）

❹ 北城墙外护城河（西—东）

❺ 北城墙外护城河及城墙（东—西）

❻ 北城墙外护城河（西—东）

2

3

5

6

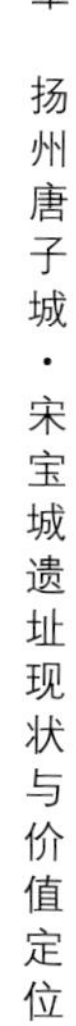

唐子城东墙外侧护城河

形态结构留存最差。北段淤塞严重。水面窄小，干涸状态严重；茅山公墓和其北竹园公墓近400米长地段，河道基本淤塞、平毁十分严重；“东华门”南北两侧护城近400米长地段，淤积状况同样十分严重。

唐子城南墙外侧护城河

保障湖一线：湖区水面宽160余米，能够反映出隋唐宋时期的基本状况（该段水域是否相当于南城墙外护城河，尚无倾向性意见）。现保障湖东西两侧“浊河”已非古代时的水域。20世纪70年代航拍图显示，观音山下至原梁家楼村西地段，蜀岗之下即为宽阔的水面，其态势甚至包括梁家楼村所在地域。总体而言，自观音山下即为宽阔的水域，城垣夯土遗存基本上借助蜀岗南缘地势，位于水面以北，南城门附近城墙往北偏移，恐亦因此而就，目的在于为城门前留出缓冲陆地空间。

❶ 蜀岗中峰大明寺栖灵塔北瞰（自右至左依次为宋宝城西墙、护城河、包平山堂墙、护城河、“大城”城墙，南—北）

❷ 唐子城北城墙及护城河东段（自江家山坎西望）（东—西）

❸ 唐子城北城墙及护城河东段（东—西）

❹ 唐子城北城墙西段及外侧护城河（北—南）

❸

❹

平山堂城与西城门“瓮城”外地段护城河

水面尚保持相对宽度，水面被分割成水塘，驳岸轮廓非常清晰。“瓮城”部位月河大多淤积干涸。

宋宝城北城门及“瓮城”外护城河

形态轮廓明显，然淤积干涸十分严重，月河西半部与北部护城河绝大多数地段已经淤积干涸并辟为耕地。

宋宝城东城墙及“瓮城”外护城河

水面总体保存较好，岸线清晰；唯东城墙北门和南门之月河皆淤积干涸。

宋宝城外侧李庭芝·大城护城河

宋宝城外侧李庭芝·大城护城河的形态基本不清楚，目前近在西城墙外侧断续残存一些迹象，如扬州苏平冶金机械公司东北侧尚有一段轮廓清晰，但已经割裂为水塘与农田；位于北城墙外侧的一些现状水面，或许与原护城河有关；北城墙东端和东城墙外侧暂没有发现护城河。

❶ 宋宝城东墙北侧瓮城外护城河现状（西北—东南）

❷ 宋宝城东墙外侧护城河现状（北—南）

❸ 由蜀岗中峰栖灵塔北瞰蜀岗上城址（从右至左依次为宋宝城西墙、护城河、包平山堂城、护城河、“大城”城墙）（南—北）

❹ 由蜀岗中峰栖灵塔东瞰蜀岗上城址（正前方为蜀岗东峰观音山及寺院、蜀岗南沿及南城墙沿线、浊河及保障湖、宋夹城）（西—东）

由蜀岗中峰栖灵塔西瞰平山堂城及蜀岗西峰（自近至远分别是包平山堂城、护城河、“大城”城墙、蜀岗西峰）（东—西）

第二章

扬州唐子城·宋宝城遗址保护展示总则

2.1 保护展示依据、原则及目标

保护展示依据

扬州唐子城·宋宝城遗址保护展示的主要依据有：

（1）《中华人民共和国文物保护法》（2002）；
（2）《中华人民共和国城乡规划法》（2006）；
（3）《国务院关于加强文化遗产保护的通知》（2005）；
（4）《国家考古遗址公园管理办法》（2009 试行）；
（5）《扬州城遗址（隋至宋）保护规划》（2011）；
（6）《扬州市城市总体规划（2002 ~ 2020）》（2001）；
（7）《蜀岗—瘦西湖风景名胜区总体规划》（1993）；
（8）《蜀岗—瘦西湖风景名胜区瘦西湖新区建设规划》（2005）；
（9）《扬州市旅游发展总体规划》（2003）；
（10）《扬州城 1987 ~ 1998 年考古发掘报告》（中国社会科学院考古研究所、南京博物院、扬州市文物考古研究所编，文物出版社，2010 年）；
（11）《扬州唐城考古与研究资料选编》（扬州唐城遗址博物馆、扬州唐城遗址文物保管所编，2009 年）；
（12）《唐子城护城河及城墙展示、生态修复、环境整治工程项目申请书》（2011）。

保护展示原则

保护遗址本体的原真性、科学性

现有蜀岗上古城遗址考古资源的利用展示设计，都是在充分尊重考古遗存原有状况、立足考古与文献研究的基础上进行，其目的在于如实反映古代遗址空间风貌，凸显其文化重要性与历史重要性，并尽可能将考古遗址的保护、发掘以及价值深化有机地结合起来，通过有限的考古资源利用，揭示出更多的文化“韵味”与历史信息，并结合“区域”社会的发展历程，将蜀岗纳入“江淮之间”这一空间范畴加以解读，以其遗址本身的原真性为基础，尽量科学地对其文化底蕴进行揭示。在满足考古资源自身维系的当前需求和长远利益的同时，设计中需要对当地社会群体的发展需求加以考虑。在安全利用考古文化资源的同时，满足社会利益相关方的合理需求。通过遗址及周边地区地用模式的调整，有效地缓解考古资源保护与当地社会发展之间的矛盾，能够尽量让当地人群从当地的文化资源中获益，从而实现“资源维系才能长久受益”的保护意识。

突出遗址本体的完整性、可识别性

设计理念除了突出区域空间尺度之外，还尽量突出遗址本身的结构完整性，务必使受众群体能够较为容易地理解原有的蜀岗古城在唐与南宋两个阶段的原有规划和建设意图。将遗存纳入城址构造加以理解，将单体纳入群体加以理解，将古城纳入到城市体系与自然景观内加以理解，将城市放入区域空间加以理解，这样的设计理念可以较为有效地保证遗址本体的“可理解性”，从而尽量使遗存“不完整性”对理解的影响得到弱化，通过展示、标识、线路设计、资源整合等空间规划手段，尽可能地使受众获得遗址空间的“完整”概念。通过局部展示、标牌设计、地表空间形态标识、步行体系设计、游览线路规划等手段，使遗址本身具有较大的“直观性”和“认知便利性”。

保证遗址的稳定性、安全性

设计本着不对遗址本体进行过多干预的基本原则进行。通过局部加固、修补、土壤保持、植被封护与种属调整、水系结构调整、驳岸结构加固等技术手段，使考古资源获得维系，实现其稳定性。在具体环节的设计中以“安全性”为第一要务。除了强化文物的安全性之外，还要强调对参观者自身安全的保障。

忠于史实，彰显布局，合理展示

在深入研读扬州城相关考古与历史等方面文献的基础上，通过对扬州蜀岗古城历史脉络与结构发展演变的梳理，深化其历史等多方面的价值与城市发展脉络。在遗址完整保存的基础上，实现其利用模式的优化。通过整体规划，从区域大遗址保护（从岗上雷塘到岗下大江）的视野中，将遗址保护与展示纳入到区域遗产保护整体框架之中。协调处理好蜀岗上城址保护展示与周边景区（瘦西湖、夹城）建设、有关新农村建设的关系。在展示设计中强化其可释读性，彰显古代城市规划设计的意图。

保护展示目标

随着中国经济社会的持续发展，大规模快速城市化进程给文化遗产保护带来了前所未有的冲击与挑战，文化遗产保护处在最关键、最紧迫的时候。迫切需要以科学的态度对待大遗址，以科学的精神认识大遗址，以科学的理念挖掘大遗址的价值，以科学的观念指导大遗址保护和利用工作（参见《唐子城护城河及城墙展示、生态修复、环境整治工程项目申请书（2011）》）。

合理展示遗址，彰显名城风范

扬州城遗址，为中国唯一一座现代化城市和古代城市遗址大部分重合并整体列为全国重点文物保护单位的古城址。唐子城因地制宜，因势而建，雄踞蜀岗之上。据考古调查和勘探，唐子城空间格局和历史格局保存较好，具有重要科学、艺术和文物价值。城门和城墙，是古城扬州发展的重要载体，进行有效的保护和展示，能进一步彰显城市的特色内涵。同时，加强遗址保护和考古研究的密切衔接，加大唐子城的考古发掘和研究力度，系统地展示城门遗址的结构、形制和城墙轮廓线，营造广大市民休闲、探古、观景场所，彰显城市特色和内涵。

修复特色资源，提升扬州形象

扬州因水而灵气秀美，因水道密布而气蕴充足，因运河而成为管控南北经济命脉的咽喉。城河环绕城址，与自然结合充分，形成丰富的轮廓线，空间格局基本明晰，成为扬州重要的城市景观。扬州城因水而建，因水而兴护城河。环绕城址的护城河，与古运河更是血脉相连。扬州城遗址，已列为大运河申报世界文化遗址后续预备名单。保护和利用好护城河，形成扬州丰富的景观和代表性的景点，有利于进一步完善城址的生态系统，有利于提升扬州的形象，有利于丰富大运河沿线遗产景观。

延续历史文脉、保护文化之根

扬州唐子城护城河大遗址保护的任务繁重而艰巨，在扬州文物保护中具有特殊的重要性、典型性、代表性和影响力。在城市扩张、土地需求与作为大遗址载体的土地保护之间的矛盾也不断加大的形势下，既要认识到大遗址的土地资源价值属性，更要认识到大遗址的文化遗产资源价值属性。要从全民族甚至全人类利益出发，服从大遗址文化遗产属性的要求，遵循文化遗产运动规律，坚持保护为主、合理开发，让大遗址这个珍贵的人类精神文化财富在滚滚发展的城市化时代大潮里得以平安，万年有存，真正做到上无愧于先人，下无愧于子孙后代。

推动城市发展、提升城市品位

文化是城市的灵魂，大遗址作为不可再生的珍贵文化资源，是城市文化景观的核心要素，是城市可持续发展的资本和动力。要算好眼前账与传承账，算好经济账与发展账，算好局部账和大局账。规划一块绿地，可以带动上百亩土地升值，而建设一个遗址公园，则可以让整个城市升值；建设一个工业项目，可以服务一个城市几十年，而保护一处大遗址，可以让一个城市受益上百年、上千年。文化遗址是所在城市宝贵的财富，使城市摆脱千城一面的资源，大遗址保护和利用好，能够成为独有的文化品牌和厚重的无形资产。大遗址保护和利用，有助于加快城乡经济社会发展，有助于文化旅游和相关产业发展，有助于提升城市文化品位。

推动和谐共享、加强民生改善

大遗址保护不仅是文物保护项目，还是涉及当地经济、社会、文化、生态发展的系统工程，保护和利用是推动城市发展、改善民生的重要途径。把遗存在城市中的大遗址深沉沧桑的美也展现出来，让古代文明与现代文明交相辉映。把遗址保护和城市建设改造相结合，整治遗址周边环境，改善遗址区内居民的居住条件和生活质量。把大遗址融入百姓生活，把大遗址保护作为民生工程，谋求大遗址保护与当地经济社会的发展相契合，与当地群众人居环境改善和生产致富相结合，就是坚持以人为本。通过保护为市民开辟一片城市休闲绿地，让文化遗址掩映在绿色之中，成为群众共享的文化园、教育园、科普园、休养园，让大遗址成为城市最美丽的地方、最有文化品位的空间。

推动文化发展、提高文化实力

一座都城遗址体现和浓缩了上千年的历史风云，承载着丰富的历史信息和文化内涵，不仅具有深厚的科学与文化底蕴，同时也是极具特色的环境景观和旅游资源。大遗址不仅是我们祖先的财富，更是全世界、全人类的共同财富，应当从国家发展的远景角度，从全球竞争力及影响力的角度，定位中国历史文化遗产保护的意义；通过政府引导、媒体传播来营造良好的历史文化遗产保护氛围，提升大众的遗产保护理念，使它真正成为激发中华民族自信心、自豪感、创造力的无尽源泉；要树立“保护好遗址就是保存好实力”的观念，把有效保护与合理利用有机结合，把保护大遗址与促进经济社会发展、惠及民生有机结合，把发掘弘扬历史文化与不断丰富人民群众现实文化生活有机结合，使大遗址成为传播历史文化的“大课堂”，增强全民文化遗产保护意识的“主阵地”、展示历史文化名城的“金橱窗”，使不可再生的资源转化为发展优势，带动相关产业发展，提升文化软实力。

保护好大遗址，打造精致扬州

扬州历史遗存众多，其中，唐城、宋夹城还是我国城市考古中的重大发现，地面遗址保护比较好，具有较高的文化艺术价值，为很有特色的文化胜迹景观，特别是唐宋城护城河的疏浚，使得扬州城市水上游览全线贯通，再现了历史生态景观。本规划对研究唐代扬州的政治、经济、军事、文化有特殊的意义，也是我国古代建城制度史的突出例证，是国家所关注的古代城市重要遗址。项目的建设对展示扬州的历史文化，并为开拓今后的历史文物旅游，打造精致扬州，都具有重大而长远的效用。唐子城护城河及城墙展示、生态修复、环境整治工程的建设，既突出古城的历史风貌，又不乏新的创意，在大遗址的保护过程中理念先进，既有保护又有创新，是国内大遗址保护的典范。

精品扬州工程，扬州品牌战略

扬州是一座具有 2500 多年悠久历史的文化名城，是全国卫生城市、园林城市、中国优秀旅游城市、全国“双拥”模范城市和全国生态示范城市。一个城市环境优美，功能完善，其价值就大，吸引力就强，发展就快；环境不佳，功能不全，城市的含金量就低，吸引力就小，经济的发展就会受到相应的制约。近几年来，扬州市政府重新认识和审视这座古老的城市，树立城市竞争意识，运用市场经济手段，对构成城市空间和城市功能载体的资本进行集聚、重组和营运，最大限度地盘活存量，进行城市营销，打造城市品牌。城市品牌一经形成，必将对扬州市的发展产生巨大的推动作用，尽管这种作用具有隐蔽性、长期性和延续性的特点。然而，城市品牌的建设不能只是纸上谈兵、空中楼阁。对城市品牌不仅要建设，而且要进行强有力的管理，当地政府应对传播的范围、媒介的选择、受众的特点等进行科学的、系统的分析和研究，以提高扬州整个城市的知名度和美誉度。唐子城护城河及城墙展示、生态修复、环境整治工程建设项目能够进一步增强吸引力，进一步扩大知名度，满足游客的需求，提升扬州品牌的形象，为扬州的发展注入新的活力。

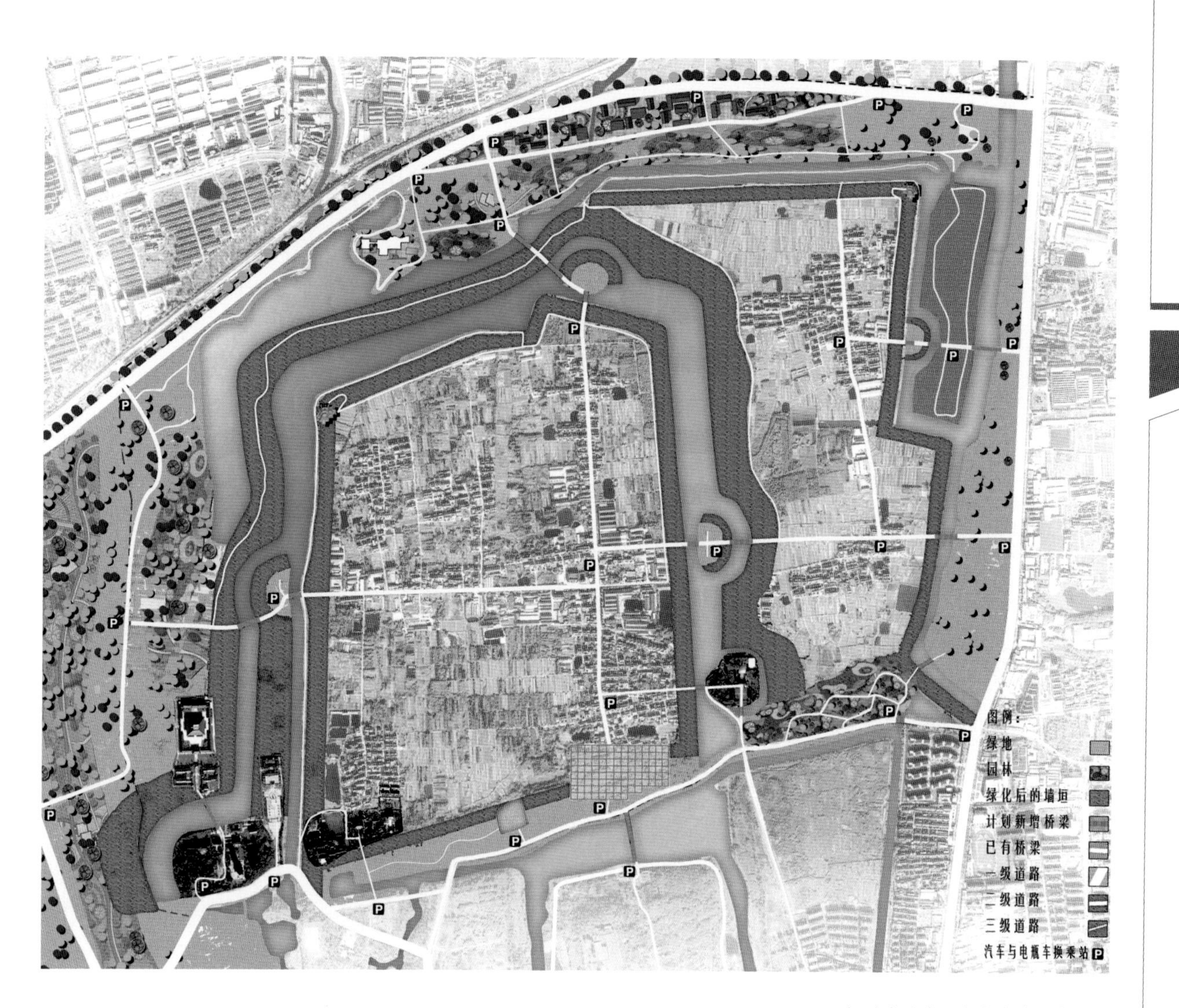

扬州唐子城·宋宝城遗址城垣与护城河保护展示区平面设计示意图

2.2 总体设计

研究与设计范围

研究范围

扬州的历史地位和作用是沟通南北，管控江淮，而其地域历史文化空间则主要为岗上雷塘和岗下大江两个局部区域，运河是维系两大区域的脐脉。雷塘又称雷陂，某种程度上是扬州城北苑囿的代名词。自然意义上的雷塘是蜀岗上横贯东西的古河流（1949 年后人工开挖的槐泗河大概利用了该河流）以及周边支流汇聚所形成的陂塘。在该古河流下游（约扬州城北偏东处），至今还保留有宋代用于拦截蓄水的夯土堤坝——滩田堤遗址。雷陂与扬州城（广陵城）的关系，较早见诸文献的是其作为西汉吴王刘濞经常游玩的苑囿。不排除西汉时已经人工筑坝以拦截蓄水成塘，恰如扬州城以西的陈公塘，相传系东汉建安初年（197 ~ 198 年），由广陵太守陈登主持建造用于蓄水灌溉的水利设施。文献记载隋炀帝更在该流域建有十所离宫，其中包括大雷宫和小雷宫两所。蜀岗下的扬州是历史上“江退人进”这一历史进程的真实写照。隋炀帝在运河入江口处即著名的扬子津建有临江宫。隋代以降，该区域最为著名的莫过于瓜洲。瓜州和长江对岸的京口（今镇江）又成了更小区域内管控大江南北流通和交流的控阀。扬州在哪里？“淮南江北海西头”。隋炀帝在《泛龙舟》诗中对扬州的空间方位和空间尺度作了十分精到的定位。关于扬州的空间，无论是历史文献记载，文物古迹留存，还是考古发掘研究都表现出十分鲜明而紧密的关联关系。

设计范围

唐子城和宋宝城城垣及护城河途经地带，是本书关注的保护与展示范围。

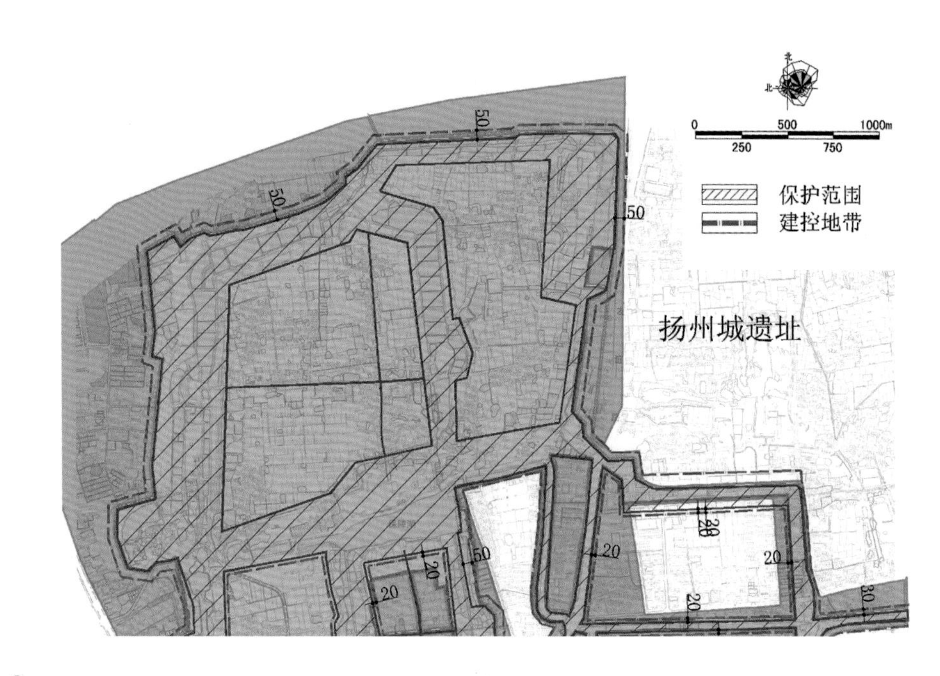

❶《扬州城遗址保护规划》划定蜀岗上城址保护范围

❷ 保障湖现水域状况（南—北）

❸ 子城东北部竹园墓地一线地表占压状况（东—西）

❹ 宋宝城与宋夹城间河道（现保障湖）中的木桥桩基（南—北）（《扬州城1987~1998年考古发掘报告》图版二七）

设计构思

梳理城市形态演变、厘清遗址空间格局

（1）文献资料记载，扬州城城市建设始于春秋时期吴王夫差因争霸中原所筑之邗城；东周时期风行修筑规模庞大的城址；汉吴王刘濞为都时，扬州城（广陵城）才真正发挥全国性的作用，进入国家层面的视野。自春秋至六朝积淀的城市建设，成了隋、唐、宋代朝演进历史基础。

（2）隋结束南北数百年战乱，一统中国。从先后营建的两座都城——大兴城和洛阳城分析，隋代都城十分讲究空间秩序。隋匠作大监宇文恺《奏明堂议表》云："臣闻在天成象，房心为布政之宫，在地成形，丙午居正阳之位。观云告月，顺生杀之序，五室九宫，统人神之际"。江都宫大殿名为成象殿，殿前正门称成象门。江都的地位、规格和布局等显然堪比都城大兴城和洛阳城。

（3）唐代扬州城系地方性城市，府城位于蜀岗之上，充分利用了隋江都宫的基础，故称为衙城或子城。虽然文献中记载，自东周以来，蜀岗上有若干次筑城活动。然考古发掘显示，蜀岗上城址的建造活动最主要的特点是层累叠加，城址的形制轮廓并未发生较大变迁。

（4）宋代，尤其南宋时期，扬州城作为军事要地，蜀岗上城址与州城宋大城成掎角之势，相互支援和依存的一极。城址总体的态势是收缩，加厚城墙以强化其防御能力。

确定重点区域、彰显遗址价值

研究证实，春秋以来古城址在蜀岗上叠合，尤其是隋、唐、宋三代。拟通过空间形态演变，发现和确定重要节点。这些节点是价值集中之所在，支撑、承载和体现着城市总体格局演变脉络，彰显空间价值。规划将这些重要节点作为集中展示城市形态演变的关键地区。

结合遗址现状、确定保护与展示方案

不同的地区条件不同，承载的历史价值也不同，规划设计根据其本体及周边环境状况，提出综合展示方案。点、线、面相结合，分区展示与周边现有展示利用资源相结合。在本体保护展示方面，强调尊重历史，彰显格局；千尺为势，百尺为形；集中体现城墙—城门—道路的空间关系，系统保护，重点展示。在环境协调方面，注重因势利导，有机更新；融入城市，和谐共生；大型文化遗址公园建设与交通、景观、公共服务一体化与系统化等。

本体保护的整体格局与功能分区

基于城址价值挖掘分析和重要节点的认定，确定本体保护的整体格局为"两城三点，五墙五水"。

"两城三点，五墙五水"的整体格局

1."两城"、"三点"

"两城"，是指唐子城和宋宝城。其中唐子城的修筑系基于春秋战国至汉六朝以来的历代城址，可能在一定程度上袭用了隋江都宫的布局特征。"三点"，是指南城门（A）、北城门（B）和西城门（C）区域。自汉迄宋，近十五个世纪的时期，历代筑城均循此三点，城址变迁亦集中体现于此三点。

❶ 点A南门区域

❷ 点B北门区域

❸ 点C西门区域

❹ 三点五墙五水

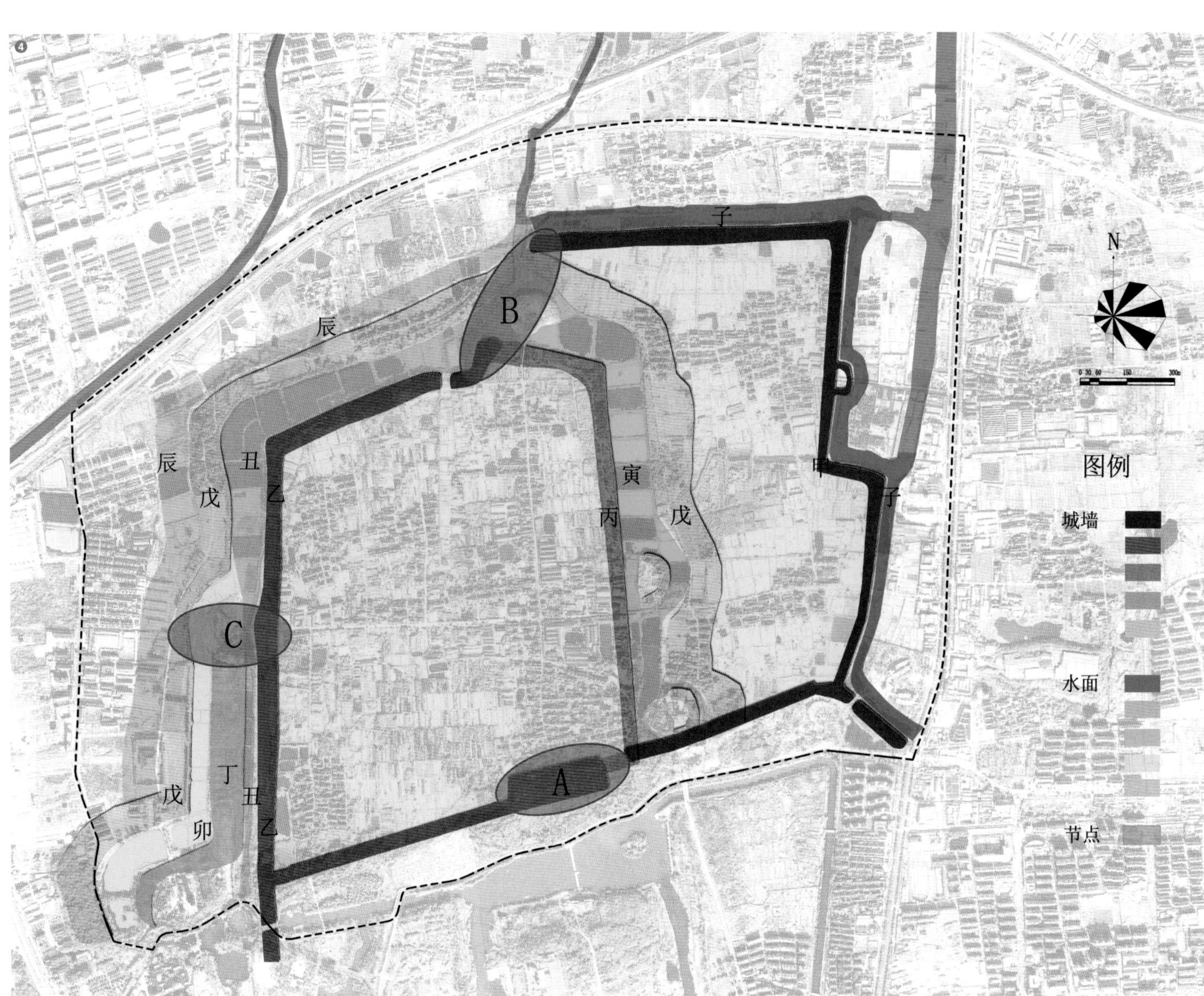

2. “五墙”

“五墙”，根据考古发现研究，确定甲、乙、丙、丁、戊这五段城墙分别体现了不同时期的筑城特征，特别是由唐宋时期的历史信息。

3. “五水”

“五水”，根据考古发现研究，确定子、丑、寅、卯、辰，这五片水域分别体现了不同时期的城壕布局关系，特别是由唐宋时期的历史信息。

❶ 甲段城墙局部与外侧子段护城河水域

唐子城遗存

唐子城城墙包括甲、乙两段城墙；护城河包括子、丑两片水域。

宋郭棣・堡砦城遗存

宋郭棣・堡砦城城墙包括乙、丙两段城墙；护城河包括丑、寅两片水域。

宋贾似道・宝祐城遗存

宋贾似道・宝祐城城墙包括乙、丙、丁三段城墙；护城河包括丑、寅、卯三片水域。

宋李庭芝・大城遗存

宋李庭芝・大城城墙包括乙、丙、丁、戊四段城墙；护城河包括丑、寅、卯、辰四片水域。

扬州蜀岗上城址城墙和护城河共存关系表

表 2—1

时间阶段	城墙遗迹					护城河遗迹				
东周—唐代	甲	乙				子	丑			
宋郭棣・堡砦城		乙	丙				丑	寅		
宋贾似道・宝祐城		乙	丙	丁			丑	寅	卯	
宋李庭芝・大城		乙	丙	丁	戊		丑	寅	卯	辰

❷ 乙段城墙（茶园部分）与丑段护城河

❸ 丙段城墙局部与外侧寅段护城河水域

展示总体结构与重要节点

“四轴十点、两横两纵”的总体结构

根据遗址的历史文化价值与遗存现状，确定十个重点展示节点，共同构成四条轴线，两横两纵，集中展示蜀岗上城址较为完整的空间格局与深厚的历史文化价值。

1.“四轴”

四轴指“南轴”、“北轴”、“西轴”和“中轴”。

2.“十点”

十个重要的保护展示节点——南轴五个节点：平山堂、观音山、南城门、董庄东和小茅山；北轴三个节点：城址西北城角、北城门区域和城垣东北角江家山坎；中轴三个节点：北门、南门和隋代江都宫成象殿遗址。

3.“两横”

“两横”是指沿蜀岗南侧东西一线的南轴和城址北城墙一线的北轴。南轴包括平山堂、观音山、南城门、董庄东和小茅山等 5 个重要节点，在蜀岗南沿一线排开，综合体现汉代以来，特别是隋唐宋三代扬州的政治、经济、军事发展的高峰；同时，该地域也是扬州历史上最具文化艺术创作灵感的地带，文人墨客云集，留下大量墨宝诗篇。北轴即子城北墙一线，包括城址西北城角、北城门区域和城垣东北角江家山坎三个节点。

4.“两纵”

“两纵”是指城址西城墙一线的西轴，和经过南、北城门的中轴。西轴主体是观音山—西城门及瓮城—西河湾北（即城垣西北城角）一线，以及平山堂以北区域。这里城垣遗迹和护城河之间的高差很大，是城址城防设施最完善、最坚固，保存状况最好的区域。重点展示宋

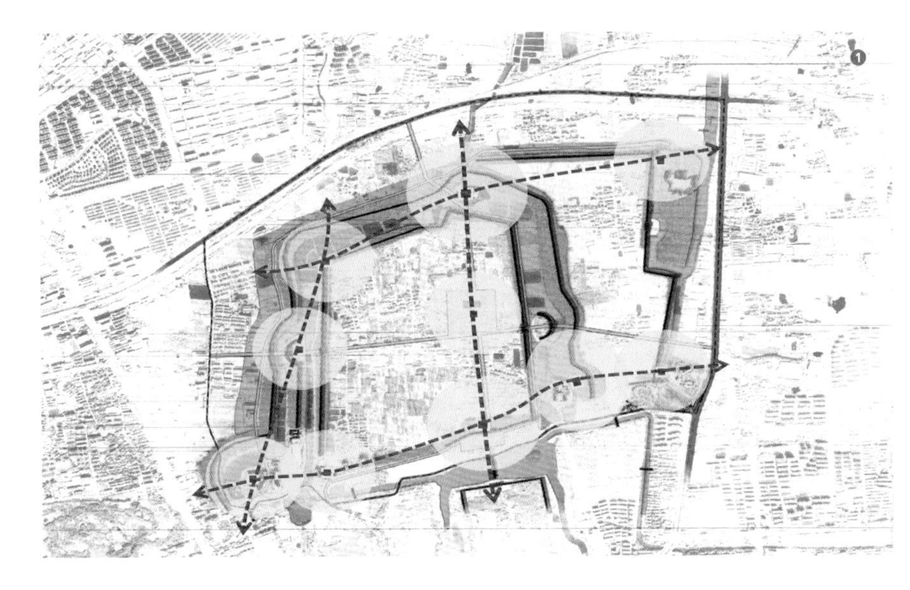

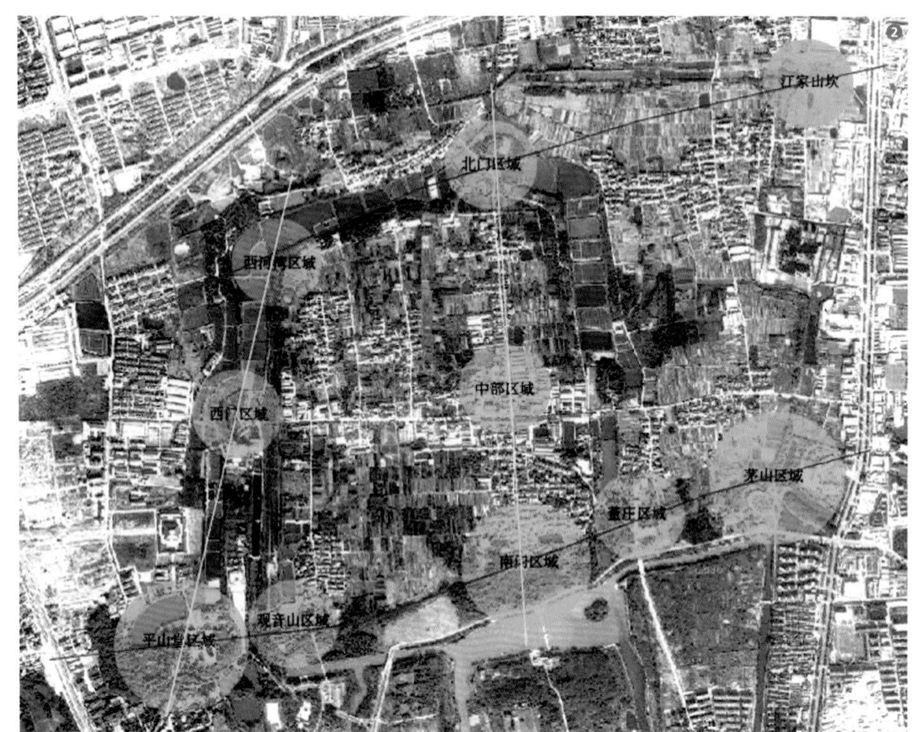

❶ 展示格局十点四轴

❷ 纵横布局的基本展示结构意象

宝城固若金汤的军事城防设施。中轴是蜀岗上古城址的中轴线，是挖掘和展示隋唐城市规划和礼制的核心，包括北门、南门和隋代江都宫成象殿遗址 3 个重要节点。

南轴（蜀岗南沿）及节点

南轴包括 5 个重要节点。

1. 平山堂

位于蜀岗中峰，乃北宋仁宗庆历八年（1048 年）扬州太守欧阳修所筑。《舆地纪胜》云："负堂而望，江南诸山拱列檐下，故名。"欧阳修《朝中措》赞曰："平山栏槛倚晴空，山色有无中。"南宋时期，包平山堂城。"包平山堂而瞰雷塘"。

2. 观音山

位于蜀岗三峰之东峰。南朝梁武帝的长子萧统（隋炀帝之妻萧皇后乃萧统之曾孙女）在此组织文人编选《昭明文选》，建有"文选楼"。隋代在此筑有"迷楼"，作为隋炀帝的行宫。北宋绍圣二年（1095）晁补之在此建造摘星亭，又名"摘星楼"；南宋堡城建有角楼。设计结合观音山寺建筑与唐城博物馆，发掘其作为"镜鉴"之地的文化内涵。

3. 南门地区

隋大业年间，炀帝三下江都，筑江都宫，堪与大兴城、洛阳城相提并论，隋江都宫外之南门即相当于都城正门；唐宋两代也在此地置南门，经下马桥而通往蜀岗下的罗城（唐）与夹城（宋）。登南门城楼，俯瞰岗下城阙，望江海之潮，或经运河水道直达江滨，气势非凡。

❸ 南轴点一及点二（平山堂与观音山）

❹ 南轴点三梁家楼至南门

4. “古邗城”

推测位于子城东南部董庄东侧一带地势较高亢，地理形态较完整的区域。《左传》周敬王三十四年（公元前486年）载：“吴城邗，沟通江淮”，杜预注：“于邗江筑城穿沟，东北通射阳湖，西北至末口入淮，通粮道也”。这里是扬州城市发源地，从地貌上看，乃子城范围内地势高亢，且面积较平广的区域之一。邗城地区东近茱萸湾，运河北折而上沟通淮水。

5. 宋代堡城东墙南段

有两瓮城毗邻而立。规划进行考古发掘研究工作，为展示提供基础。

6. 南轴规划要点

（1）设计原则

总体看来，南轴沿线景观资源丰富，基础较好，现状有唐子城城垣东南角墩台—汉王陵博物馆（宋宝城东南角城门外瓮城）—隋唐宋南门遗址—隋唐宋南城墙夯土断面—扬州唐城博物馆—观音山禅寺—大明寺（平山堂）。规划充分利用现有资源基础，对该轴进行重点建设。规划对南横轴的总体构思是通过环境整治，营造自然与人文历史相得益彰氛围。在自然环境方面，表现“岗—岸—水”三个高度和层次，突出蜀岗之伟岸、运河之流畅柔美，河岸之宽广等；在人文历史环境方面，表现“墙—门—路—桥—埠—寺”六个视角，借蜀岗之势显现城垣和城门之高拔和雄伟；岗下沿河地段随运河之收放、弯转而变化，桥涵、船埠、寺院等步移景换。

（2）主要措施

（a）大明寺和平山堂片区（含扬州唐城博物馆）：在挖掘与组合现有禅林寺院景观资源优势的基础上，着重进行扬州唐城遗址博物馆改造，打造成集中展示隋唐宋时期蜀岗上古城历史文化的专题博物馆。

❶ 南轴四瓮城（南北两个）与点五小茅山

❷ 大明寺与平山堂现有宗教文化展示格局

(b) 南门片区：包括汉王陵博物馆（宋宝城东南角城门外瓮城）、隋唐宋南门遗址、隋唐宋南城墙夯土断面三部分。其中：隋唐宋南城门遗址最为重要，然而目前对其认识尚显不足。规划优先考虑通过考古发掘研究，理清南城门区域的历史信息，为保护与展示提供科学依据；创造条件，将考古发掘研究现场作为近期展示的场所。位于南城门遗址西侧的隋唐宋时期南城垣夯土断面，是展示了解和展示城墙结构、工艺及变迁的最佳地点，且地势高差显著，观赏性较好。建议考古发掘研究后，采取适当保护措施，确保本体安全的前提下，以适当的方式对城墙断面进行展示。汉王陵博物馆位于宋宝城东城墙南段的城门瓮城中，西侧为护城河和宝祐城东城墙，东侧为护城河和宋李庭芝·大城东城墙，南为蜀岗前缘。展示构想是汉王陵墓葬—宋城门及瓮城—博物馆陈列三位一体。通过新农村建设改造调整以创造条件，在考古发掘研究的基础上，展示宋代城墙、城门、瓮城、道路和水系；汉王陵博物馆内除改善汉王陵墓室展示环境的同时，充分利用现有设施，打造成集中展示春秋、战国、汉和六朝时期蜀岗上古城历史文化的专题博物馆。

(c) 东南城角片区：结合新农村建设和改造的同时，加强考古研究工作，初步理清该区域文化内涵。周边环境利用方面，西端与瘦西湖景区对接，中部与夹城景区联通，东端与拟议中的竹西景区互动。并且可以进行相关配套资源，如服务设施、观赏线路、交通设施等优化重组。比较理想的联系沟通方式是在科学研究和充分论证的基础上，模拟《梦溪笔谈》扬州二十四桥中与该地段位置相关的茶园桥、大明桥、九曲桥、下马桥、作坊桥，以及以适当方式展示观音山下唐罗城西城墙北端的西水门、罗城北城门参佐门和参佐门桥等。

❸ 南轴线上现有汉王陵博物馆布局结构

❹ 南轴线梁家楼断面展示区域

北轴（子城北墙沿线）及节点

北轴包括3个重要节点，即城址西北城角、北城门区域和城垣东北角江家山坎，其区域特点如下。

1. 西河湾北

城址西北角区域，位于隋江都宫之西及西北，地貌上沟壑发育较好，主要有两条发源于蜀岗三峰而北流的河道支流，西条支流于江都宫外低洼处积水形成陂塘，文献中谓“小新塘”；东条支流经江都宫城内北出。北城墙的不规则走势，或许与东条支流和小新塘有关。考古学家在城址西北城角发掘出隋代角楼基础一角，是迄今发现的可以确认的隋代江都宫遗址，界定了隋江都宫之西北界，具有重要的历史与文化价值。《嘉靖惟扬志·宋三城图》所示，宋代于此区域也建有角楼。在考古研究的基础上在此模拟展示隋江都宫西北角楼，营造“菱潭落日隋宫阙”的意境。

2. 北城门

北城门是隋唐宋三城城墙、城门和水道等纠结交汇之处，也是蜀岗上城址结构与形态最为复杂的地带。出北门，即长阜苑，直至上雷塘与下雷塘。隋代于长阜苑筑十宫，《太平御览》卷173“宫”引唐人作《寿春图经》云：“十宫，在县北长阜苑内，依林傍涧，踈迴跨屺，随地形置焉。并隋炀帝立也。曰归雁宫、回流宫、九里宫、松林宫、枫林宫、大雷宫、小雷宫、春草宫、九华宫、光汾宫，是曰十宫”。建议在北城门区域开展考古工作，理清东周以来城墙城门位置、形制演变关系，为进一步开发利用提供依据。

3. 江家山坎

子城东北角，唐代在此或建有角楼。建议以子城考古与历史研究为依据，模拟展示唐代角楼；结合农村建设，开展水绿环境整治，营造“翠堤烟柳映子城”的意境。

西轴（子城西墙沿线）及节点

西轴包括观音山—西城门—西河湾北一线 3 个重要节点，以及西城门连接平山堂一线，后者是前者的强化和补充。重点是规划整理西门地区，展示完整的月城，及南侧三城三河的格局。西轴的遗存特点是“三河三墙、两城一道”，是扬州城防体系的典型代表和最高体现。“三河三墙”中，“三墙”是指宋郭棣·堡砦城西城墙、贾似道·宝祐城城墙及包平山堂城墙，以及李庭芝·大城城墙；“三河”是指三道城墙外侧的护城河。“两城一道”是指平山堂城和西门瓮城及中间的连接线。规划对重点西门地区进行环境整治，包括清理工厂、水网清淤、植被调整，为完整展示月城及南侧三城三河的格局提供基础。

❶ 西河湾（西北城角）
（《扬州城 1987~1998 年考古发掘报告》图版九）

❷ 城址北门区域

❸ 宋宝城西墙与护城河

❹ “三墙三河”与“两城一道”结构

❶ 栖灵塔上瞰“蜀岗形势”（西—东）

中轴（北门—南门一线）及节点

中轴包括3个重要节点。除了北门、南门外，还有中轴线上的隋代江都宫成象殿遗址。综合研究推测，现堡城村许巷组所在地域或为隋成象殿所在，是隋江都宫的核心，宋代被包含于堡城之内。规划结合新农村与村镇建设，开展考古发掘，现场展示。在南门地区，规划充分利用蜀岗高兀之势，结合南门地区考古发掘现场，展示南门地区总体布局；远期根据发掘成果，模拟唐代子城南门或宋代堡城南门，恢复下马桥，形成子城南门—下马桥—宋夹城（北门和笔架山）景观序列，强化蜀岗上下自然与人文关系，对接和拓展瘦西湖景区。

区域十字结构

从区域范围看，蜀岗上城址位于雷塘—临江津之间，古邗沟—运河，带城而过，处于区域十字结构的交汇之处。以大明寺（平山堂）栖灵塔为观景平台，鸟瞰蜀岗上城址及其区域景观形势，其形势与意境，诗赞如下：

咏蜀岗上城形势

南眺北瞰平山堂，
吴公钓鱼禅山光。
雷陂成象殿凝晖，
竹西峰下运河忙。

“南眺北瞰平山堂”，登大明寺栖灵塔“南眺北瞰”，江淮南北一览无余，蜀岗上城的形势也尽收眼底。传统的平山堂景观展示与旅游解说，多侧重于堂在北宋的文化价值。建议在展示中增加南宋时期平山堂城连西城门，北抱雷塘的文化内涵。“吴公钓鱼禅山光”是指蜀岗上城址周围有吴公台、钓台、禅智寺（竹西）、山光寺等郊野景致。“雷陂成象殿凝晖”，指南至临江宫北至雷塘，经过隋江都宫成象殿与临江宫凝晖殿的城市南北轴线。“竹西峰下运河忙”，指蜀岗下从弯头至蜀岗三峰下九曲池的城市东西轴线。

“环城八景”的景观体系

隋、唐、宋三代，于蜀岗古邗城及广陵基础上筑城。建议以高墙深壕为纽带，结合上述重要节点的自然特征、人文蕴含，规划营造“环城八景”。其总体结构与意境，如诗所赞：

咏环城八景两首

其一
淮南江北海西头，邗城枕水始春秋。
菱潭落日隋宫阙，昭明镜鉴摘星楼。

其二
北走长阜上下塘，固若金汤三重墙。
翠堤烟柳映子城，双阖骈列守宋疆。

“淮南江北海西头”，借自隋炀帝《泛龙舟》一诗，赞颂古代扬州的战略位置。“邗城枕水始春秋”，指子城东南部小茅山一带为春秋古邗城之所在（景点名称：江海城邗，取“沿于江海，达于淮泗”之意），吴国开凿的邗沟从城下流过。“菱潭落日隋宫阙”，指城郭西北角地区（景点名称：江都余晖），考古学家在城址西北城角发掘出隋代角楼基础一角。古代文献中记载，该地域景致优美，碧荷映日，紫竹浮烟，乃千古迷人繁盛地。隋炀帝时建有隋苑，又名西苑，内有数重楼苑。隋炀帝《江都夏》诗云：“菱潭落日双凫舫，绿水红妆两摇渌。”“昭明镜鉴摘星楼”，指今观音山（景点名称：昭明镜鉴），南朝梁武帝的长子萧统在此组织文人编选《昭明文选》，建有“文选楼”。隋代在此筑有“迷楼”，作为隋炀帝的行宫。隋亡楼毁，明代扈桐曾题匾“鉴楼”，分明取“前车之鉴，以警后世”之意，以隋炀帝的教训鉴戒后人。北宋绍圣二年（1095年）晁补之在此建造摘星亭，又名“摘星楼”。“北走长阜上下塘”，指出北门为长阜苑（景点名称：长阜风月），以至上雷塘与下雷塘。历史上这个地区是蜀岗上城北园囿所在。高祖十二年（公元前197年）汉高祖刘邦封侄子刘濞为吴王，“城广陵”，文献中有不少关于刘濞游弋雷陂的记载；公元前150多年，汉江都王即建宫苑于此，鲍照（约415年～470年，南朝宋文学家，与颜延之、谢灵运合称“元嘉三大家”）《芜城赋》称有“弋林钓渚之馆”；《宋书》记载徐湛之（410年～453年，南朝刘宋武帝之外孙）在此经营陂泽之事，“城北有陂泽，水物丰盛。湛之更起风亭、月观，

❷ “环城八景”位置

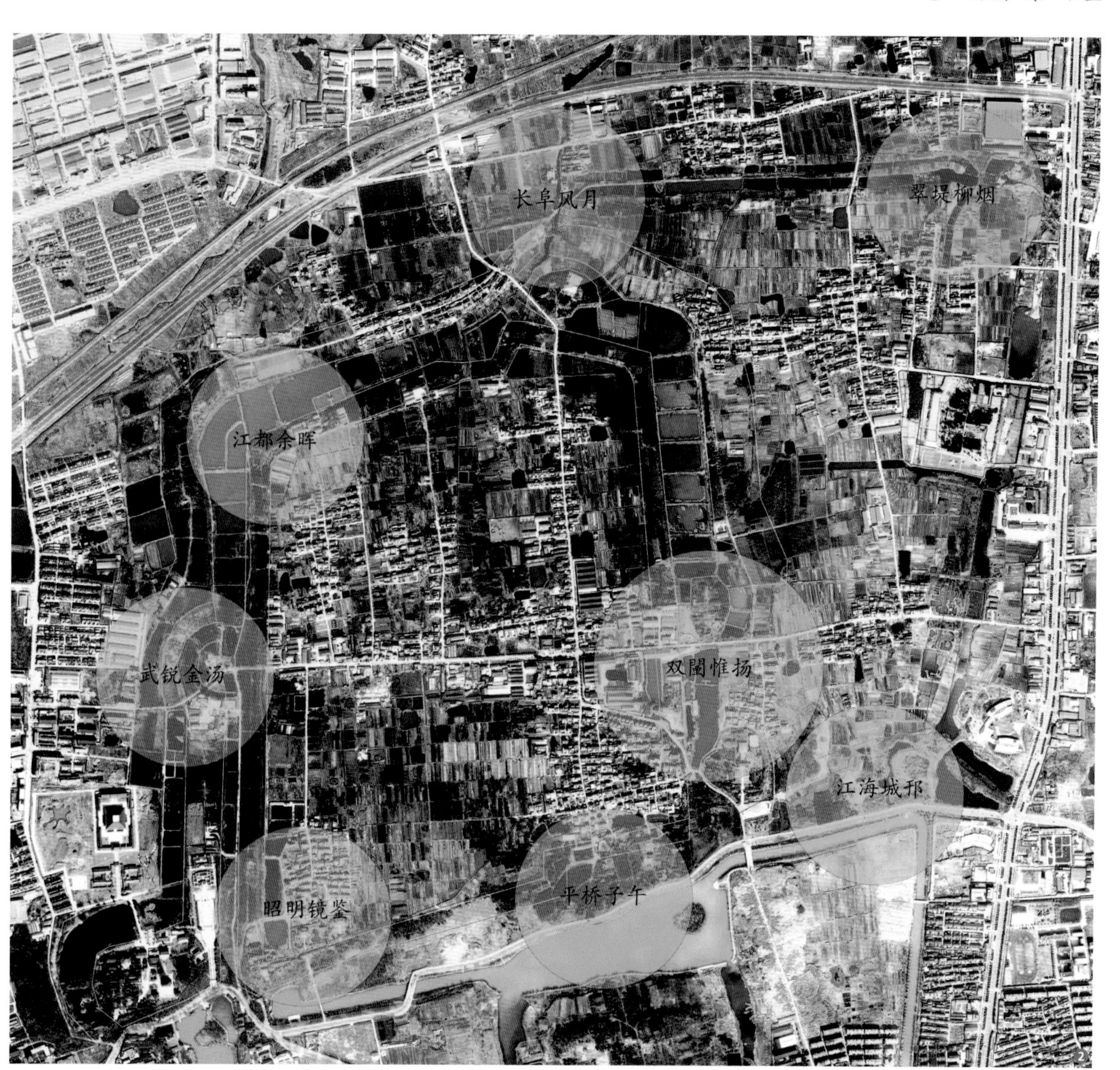

❶ “翠堤柳烟”所在位置（西—东）

吹台、琴室，果竹繁茂，花药成行，招集文士，尽游玩之适，一时之盛也。”隋代于此筑十宫。“固若金汤三重墙”，指南宋代在汉、六朝、隋、唐基础上，三次筑城，在西门至平山堂一带形成三重城墙的格局，固若金汤（景点名称：武锐金汤）。建议进一步发掘军事文化的内涵，展示蜀岗上城之“壮丽”。“翠堤烟柳映子城”，指城郭东北角（景点名称：翠堤柳烟）。唐代在此建有角楼。北城墙外宽阔的护城河外，还有一道与之平行的“河道”，二者宽度相近，其间形成一状若堤坝的长岸（性质和成因待考），拟利用为景。城墙东侧，北半段护城河沿城墙走势拐折，与南半段护城河往北伸向河道至雷塘的河道（沿友谊路两侧并行的南北向水道）之间形成面积较大的“岛礁”，近期在“岛礁”北部发现夯土建筑基址。拟在城址东北区域形成水面、湿地、河道和城墙角楼为一体的休闲观光景区。护城河以北现代村落和工厂企业，结合新农村建设进行整顿，打造具有传统地方特色建筑和饮食特色的民俗村，以服务于景区。

“双闉骈列守宋疆”，指宋代堡城东墙南段（景点名称：双闉惟扬，隐喻《嘉靖惟扬志》中的宋三城图之“堡垒”营造），有两瓮城毗邻而立，从此亦可窥见宋堡城防守之坚固。结合新农村建设，创造条件，在考古发掘研究的基础上进行适当展示。形成“两墙夹一河、两门对双瓮”具有浓郁军事特色的景区。环城最中间一景，即由南门址与下马桥构成的景观，所谓“平桥子午”，暗指日本僧人圆仁和尚《入唐求法巡礼行记》中所记府衙、大唐扬州惠照寺新修佛殿志中之记理所方位以及潜在的城市南北轴线。

交通组织体系

景区交通组织体系分为外围交通、内部交通和步行道三个层次，并且以水上游船作为补充。

外围交通

景区进入和疏散主要依托现有城市干道，主要有位于遗址东侧的友谊路、北侧的江平东路和西部的扬子江路，并在与景区道路的交接处设置换乘设施。充分利用现有的景区交通系统，如宋夹城、大明寺等景区的停车场作为主要的换乘节点，以外围环线的交通干道作为补充。车辆行驶间隔上，常规组织和动态调控进行灵活搭配优化，杜绝人员拥挤或滞留。

内部交通

内部交通定位为景区内部的机动车道路，以现有道路为主，进行重新组织,并依据需求适当增改和废止部分道路。内部交通的功能有：其一，利用固定线路，使用电瓶车快速送达或疏散访客至线路沿线的各交汇点；其二，保持或改善景区内居民的生产和生活需求。新修道路的依据主要为展示城址内原有的主干线道路，修筑道路路幅宽度为5米，柏油路面，以满足小型机动车辆错会为前提。道路功用调整线路，拟对蜀岗下的平山堂东路进行整理改造，性质调整为景区旅游道路，禁止过往车辆穿行，以行驶电瓶车和自行车。外围交通与内部交通、外围交通与步行道、内部交通与步行道的接合部，设置电瓶车停靠点，方便和满足访客就近到达或疏散。

步行道

步行道作为景区的微循环道路系统，主要满足休闲和便捷需求，依托地形修建。道路宽度拟定为2米，柏油路面。

❷ 扬州子城遗址保护与展示·中期工作·园区路网改造和建设图

2.3 城垣及门址保护与展示

四类评估等级

《扬州城遗址（隋至宋）保护规划》（后文简称《规划》）对墙体和门址划分了四类评估等级并提出了相应的整改措施：

A 级——评估等级为 A 的遗存，不需整治，但需进行基本的维护、检测以及管理。

B 级——评估等级为 B 的遗存，需进行维护与检测，改进管理措施，强化展示利用。

C 级——评估等级为 C 的遗存，需加大考古力度，或等在遗址建筑迁移之后进行考古和展示工作。

D 级——评估等级为 D 的遗存，需加大力度进行整治改造，或在占压建筑迁移之后进行考古与展示工作。

李庭芝 · 大城北墙遗址被现代民房占压状况

三类保护措施

《扬州城遗址（隋至宋）保护规划》根据现有状况制定了三类保护措施。

城墙或门址夯土及包砖遗迹

城墙或门址夯土及包砖遗迹——加强日常维护与管理，杜绝人为破坏，对夯土进行必要的加固，对暴露部分进行必要的封护处理，对坍塌的部分进行“有标记”的修补；杜绝在墙上建房、设坟、种植乔木、开田、取土、取砖，以确保墙体不再受到新的蚕食破坏。

对地表无存的墙体或门址范围

对地表无存的墙体或门址范围——应禁止新的建设，并待时机成熟，将原有占压遗址的建筑迁出遗址，可采用植被标记、树立标识等方式进行保护范围标记。

对具有较大考古潜力的区域

对具有较大考古潜力的区域——应提高保护意识，并保障考古工作的顺利进行。在遵循《规划》要求的基础上，拟定城垣保护展示的总原则为改善夯土墙体压力与增强城墙结构的完整性；以考古工作为基础，详细勘测记录，对于沟壑、缺失、空位和断面进行适当填补，以确保夯土本体安全和形态结构的“可读性”；调整城垣地带植物种属，以低矮常青的灌木为主，逐步缓解植物根系对城墙夯土本体的影响。

城墙及城门保护及措施

甲段城墙及城门

甲段城墙指蜀岗上城址城垣中，宋代以前或者未被宋代改造的部分，包括子城北城墙东段、东城墙、南城墙东段，以及宋宝城北城门西侧北城墙拐弯处与尹家桥南段城墙的连接线。子城北墙东段尹家桥、尹家长庄和小魏庄一线南侧地带，破坏十分严重，相当部分残缺不全。通过考古工作，明确原墙体本体的范围和破坏范围及程度，精确测绘记录，并制定具体的墙体保护处置方案进行墙体保护；对于沟壑、空位和断面进行适当填补，以确保夯土安全和形态结构的“可读性”；对现有的建筑物、农田、芦苇地和现代坟墓进行调整和迁移；暴露部分的城垣夯土，以覆土方式进行安全性处置。子城东城墙，江家山坎至茅山公墓地段，对占压城垣及城垣两侧 15 米以内的民居予以迁除；茅山公墓至小茅山段地段，迁移并安置现代坟墓。民居和墓地迁移后，结合考古工作对城墙的保存状况进行整体评估，制定具体的保护处理与展示方案进行保护，同时，通过考古工作，确认东城墙上城门及水涵道的设置状况，并以此确立保护与展示方式。茅山公墓段城墙的整治，应考虑城垣内废水排泄需求，建议改造并利用现有东西向水沟进行设计。子城南城墙东段，首先通过考古工作，确认城墙的保存状况、位置；加强水土保持工作，调整植被种属，减少植物根系对残存城墙夯土本体的影响。宋宝城北城门西侧北城墙拐弯处与尹家桥南段城墙的连接线段，迄今这段城墙的位置和走向不清楚，其存在更多处于理论论证方面，年代应为宋以前。宋代修筑宝城和北城门外瓮城时，对其构成严重破坏。建议在考古工作的基础上，主要为摸清保存现状，初步了解其结构和相关设置，不施加新的影响措施。城墙展示潜力较强者为位于江家山砍的东北城角，拟依托高耸的城墙与开阔的护城河为基础造景。同时，依据需求在城垣上适当设置几处登临观赏地点，尤其在考古发掘研究的基础上，模拟展示唐子城城垣东北角楼，并以此作为登高瞭望四至的制高点。

南城墙东段与浊河之间地带，现已经完成了环境治理改造，建议保留。

❶ 唐子城北城墙现状（西—东）

❷ 唐子城北城墙东段城墙内侧坡边的现代墓（西北—东南）

❸ 唐子城东北城角（江家山坎）（西—东）

❹ 唐子城北城墙（尹家桥南段）（西—东）

❺ 唐子城北城墙及护城河（耕作和取土影响现状）（西—东）

❻ 唐子城北城墙东段现状及临时建筑（西—东）

甲A段城墙
甲B段城墙
甲C段城墙
甲D段城墙

甲段城墙保护与展示措施

表 2—2

城墙段落编号	墙体段落位置	主要留存特征、压力及病害分析	保护与展示措施
甲 A	子城北墙东段尹家桥、尹家长庄和小魏庄（东南）一线南侧地带	由西向东绵延约 1 公里，墙体破坏十分严重，相当部分残缺不全。其北部农田侵占墙体约有将近 25 米的幅度，其余部分，多处种植乔木，并有少量现代坟墓占压城墙。早期考古发掘所挖开探沟未经回填。有多处小径穿越墙体，沟蚀现象严重，出现土壤腐殖劣化（参见《规划》）	加强日常养护，整顿环境，消除上部乔木，改种浅根系植物，局部填补缺口，弥补塌方，避免新的水土流失，建立并强化标识（参见《规划》）。此外，本方案仍须强调：应通过考古工作，进一步明确原墙体本体的范围和破坏范围及程度，制定具体的墙体保护处置方案，进行墙体保护，在对沟壑、空位和断面进行适当填补的过程中，应强调夯土安全和形态结构的“可读性”；对现有的建筑物、农田、芦苇地和现代坟墓进行调整和迁移；暴露部分的城垣夯土，以覆土方式进行安全性处置。在考古发掘研究的基础上，模拟展示唐子城城垣东北角楼
甲 B	子城东城墙，江家山坎至茅山公墓地段	地表夯土遗迹无存（参见《规划》）。该区域地物占压遗址现象十分严重，由北向南村落建筑直接占压城墙，达到 280 米左右，墙体其余部分则布满乔木与农田	加强日常养护，整顿环境，局部填补缺口，弥补塌方，避免新的水土流失，建立并强化标识（参见《规划》）。此外，本方案仍须强调：应对直接占压部分的村落建筑物予以迁除，进行考古调查与发掘，之后进行原址覆土保护，并调整植被，改善夯土墙体的质量与结构完整性；消除上部乔木，改种浅根系植物
甲 C	子城东墙，茅山公墓至小茅山段地段	穿墙小径、植物乱根、土质腐殖、沟蚀发育、现代坟墓占压；农业侵占、建筑占压和缺乏管理现象严重（参见《规划》）	加强日常养护，整顿环境，消除上部乔木，改种浅根系植物，局部填补缺口，弥补塌方，避免新的水土流失，建立并强化标识（参见《规划》）。迁移并安置现代坟墓；制定具体的保护处理与展示方案，进行墙体保护，对于沟壑、空位和断面进行适当填补，以确保夯土安全和形态结构的“可读性”；调整植被种属，减少植物根系对城墙・夯土本体的影响
甲 D	子城南城墙东段	穿墙小径、植物乱根、土质腐殖、沟蚀发育、现代坟墓占压（参见《规划》）	加强水土保持工作，调整植被种属，减少植物根系对城墙夯土本体的影响；结合“动物之窗”建设，进行环境整治，对绿化进行形态设计，须对城墙墙体进行标识说明（参见《规划》）

乙段城墙及城门

乙段城墙主要指被宋代改造利用的子城西墙全部，北墙西段、南墙西段和南城门、西城门等。西城墙，保留占压城垣南端的观音禅院建筑群，通过考古工作了解占压西城垣南端的观音禅院与西城垣的位置关系、西城垣保存状况，尤其核查并精确定位以往勘探中所发现的夯土基址。拆除占压城垣的养鸡场等建筑，恢复植被。对土壤出现腐殖、垮塌和沟蚀的部分需进行土壤条件改善、填补和形态规范，实现土质安全、形态稳固以及绿化环境的效果。现城垣上植被主要为茶树，固图和绿化效果较好，建议保留并适当整治。远期目标中取消穿越城垣通往观音禅院和唐城博物馆北侧的水泥路，恢复植被。观音禅院北侧的断面，西城门豁口南、北城墙断面，以及瓮城豁口南、北断面共五处，制定专项保护方案，进行土体的保护加固。并且利用现有条件，适当安排断面的原址模拟展示利用。迁移西城门附近居民，整治环境，护土保护与植被调整结合。“瓮城”墙体上现主要种植茶树，固土作用明显，可以沿用。北城墙西段，对墙体上部的占压建筑予以拆除，迁移安置墓葬；对于因建房取土等各种原因形成的城墙缺损和沟壑等，准确测绘记录现状，使用填土补配，使其形状大势与邻近地段城墙基本保持一致；通过考古工作，了解沟通城内外的水道性质，以及与城墙的关系，并以此制定专门保护展示方案。另外，需考虑配套设施，以满足城内废水排泄需求。规划进行植物种属调整，以种植茶树或低矮常青的灌木为主，在保护夯土的前提下，逐步缓解根系影响。南城墙保存相对较差，主要任务是水土保持和植被调整。其中

乙段城墙留存状况（示意）

扬州唐城博物馆以东原梁家楼地段残存城墙跨蜀岗台地上下，城墙夯土缺失严重，且存在夯土墙体断面暴露，局部土壤出现垮塌现象等，应制定专项保护处理方案。原则和措施为确保现状维持的前提下，适当采取地面植被标示的方法，勾勒出城墙。同时，以考古发掘研究为基础，加固并模拟展示城墙断面。远期目标为保留观音山禅院，调整唐城博物馆占压段。乙段城墙的展示潜力较大，拟结合护城河和"瓮城"进行，主要节点为蜀岗南沿（含南城门区域）、西门与"瓮城"，以及西北角区域。城垣西北城角作为区域性制高点，展示前景较大，在考古发掘研究的基础上，模拟展示隋江都宫城垣西北角楼。南城门区域的地位最为重要，近期展示考古发掘现场。

乙段城墙保护与展示措施

表 2—3

城墙段落编号	墙体段落位置	主要留存特征、压力及病害分析	保护与展示措施
乙 A	北墙西段，西河湾至回民公墓西南地段	穿墙小径、植物乱根、土质腐殖、沟蚀发育、现代坟墓占压、建筑扩张（参见《规划》）。目前北墙西段共有三处集中建筑区域占压或影响夯土城垣，西侧建筑跨度 150 多米，中部建筑跨度近 140 米，东侧也有将近 80 米左右。其余墙体部分则密植乔木	规划进行植物种属调整，在保护夯土的前提下，逐步缓解根系影响；对墙体上部的占压建筑予以拆除，迁移安置墓葬。城门豁口处，进行建筑限制，设立标牌，进行范围说明
乙 B	子城西墙，观音山至西河湾段落	观音山周围交通压力过大，基础设施及已经修建的宗教建筑对原遗址的破坏状况尚不明朗；观音山至西华门一线，多种植茶园，固土效果良好，有养鸡场等临时建筑占压夯土墙体；西华门至北侧西河湾一带，在拐角处种植大量乔木。根据《规划》，西河湾一带有沟蚀发育，并有小径穿越墙体	严格控制周边建筑占压趋势（特别是临时性的农业、饲养业建构筑物），控制缓解乔木植物根系压力，对侵占墙体的农田，须采取迁除举措（见《规划》）。在考古发掘研究的基础上，模拟展示隋江都宫城垣西北角楼
乙 C	观音山北侧西城墙断面	垃圾、植物根系破坏、缺少说明标识	制定专项保护方案，进行土体的保护加固。利用现有条件，安排断面的原址展示利用
乙 D	西城门豁口南、北侧断面	交通流量大，垃圾、植物根系破坏、缺少说明标识（见《规划》）	制定专项保护方案，进行土体的保护加固。利用现有条件，安排断面的原址展示利用。迁移西城门附近居民，整治环境，护土保护与植被调整结合
乙 E	瓮城豁口南、北断面	交通量较大、垃圾堆放较多、建筑缺乏控制、缺少说明标识（见《规划》）	制定专项保护方案，进行土体的保护加固。利用现有条件，安排断面的原址展示利用。"瓮城"墙体上主要种植茶田，固土作用明显，可以沿用
乙 F	南城墙，观音山、梁家楼、南城门遗址段	观音山组群建筑区与唐城博物馆段，地下结构不清楚、破坏状况不明确，但形象对原真性构成影响（见《规划》）；梁家楼区域村落建筑已经完全拆除，现为空地，东侧存在高大断面。南城门遗址有较多村落建筑占压，植物根系破坏较为严重。南城墙墙体结构尚不十分明确、建筑破坏程度不明确、乔木根系破坏较甚	对观音山宗教建筑群、唐城博物馆等占压的墙体须进一步进行调查，并对该区域的展示内容进行调整。扬州唐城博物馆以东原梁家楼地段城墙缺失严重，夯土墙体断面暴露，局部土壤出现垮塌现象，应制定专项保护处理方案。并且在考古发掘研究的基础，展示城墙断面；凸显蜀岗轮廓。加强考古工作力度，深化这部分遗址的价值挖掘。加强对于南城门遗址的考古工作力度，缓解植物根系压力，逐步拆迁占压建筑物

❶ 乙D段（西门门道处豁口）断面

❷ 乙E段（西门瓮城道路通过豁口）断面

❸ 乙F段城墙留存状况（示意）

❹ 唐子城西城墙南半部茶园覆盖状况

❺ 唐子城西城墙留存状况

❻ 道路穿越宋宝城西门外“瓮城”城墙形成的豁口

丙段城墙及城门

丙段城墙为宋代宝城使用时期新筑城墙地段，主要包括宝城东城墙和北城墙东段。以东城墙中部城门为界，北城墙东段和东城墙北段保存状况较好，保护与展示的主要工作为保持水土，调整植被。通过考古工作确认城垣东北城角是否有角楼。东城墙南段结合新农村建设，对侵占城墙基址，以及城墙两侧各 15 米范围内，影响城墙保护展示的建筑等予以拆迁和清理，为保护与展示留出空间。组织考古工作，对墙体的范围和破坏程度予以明确。精细测绘记录现状，通过适当覆土的方式，勾勒出城墙基本轮廓，覆盖植被以常绿灌木为主。加强考古工作，了解城门和"瓮城"的形制，为保护工作提供科学依据。"瓮城"面临的问题不一，问题比较复杂，其中：制定专项规划，解决北城门"瓮城"墓地的安置问题；制定专项规划，解决汉王陵博物馆范围内，以及周边区域的保护问题；调整占压东城门外"瓮城"的植被。对于确认的城门，近期拟在城门豁口处，设立标牌，进行范围说明。

丙段城墙保护与展示措施

表 2—4

城墙段落编号	墙体段落位置	主要留存特征、压力及病害分析	保护与展示措施
丙 A	宝城北墙东段	乔木植物根系、基础建设、土壤腐殖、沟蚀发育、坟墓占压、小径穿越等（参见《规划》）	加强日常养护，整顿环境，消除上部乔木，改种浅根系植物，拆除叠压建筑，建立并强化标识，加强考古工作（参见《规划》）
丙 B	宝城东墙北段	植物根系、基础建设、土壤腐殖、沟蚀发育、坟墓占压、小径穿越等。残存地表高度 1 ~ 4 米（参见《规划》）	加强日常养护，整顿环境，消除上部乔木，改种浅根系植物，拆除叠压建筑，建立并强化标识，加强考古工作（参见《规划》）
丙 C	宝城东门及瓮城	门址部分建筑占压严重；瓮城轮廓清晰，但结构仍不明确，为乔木和临时性建构筑物占压	加强日常养护，整顿环境，拆除叠压建筑，建立并强化标识（参见《规划》）。加强考古工作，了解城门和瓮城的形制，为保护工作提供科学依据，近期应调整占压瓮城的植被
丙 D	宝城东墙南段	百禾鞋厂至象鼻之间大片建筑占压堡城东墙南半部。堡城东墙南半部目前形态不明确。存在挖土取土现象（参见《规划》）	规划结合新农村建设，对侵占城墙基址的建筑予以拆迁，并组织考古工作，对墙体的范围和破坏程度予以明确。对于未被现代建筑占压的地段，调整植被，加强固土。制定专项规划，解决汉王陵博物馆范围内和遗迹周边区域的保护、整治和展示工作

1

丁段城墙及城门

丁段城墙指西城门“瓮城”至“平山堂城”之间的地带“土垄”以及所谓“平山堂城”。加强考古工作，了解其形制结构，梳理所谓“平安堂城”的内涵和形制，以及与连接“平安堂城”与“西城门瓮城”之间“土垄”的关系，并依此制定保护与展示规划。在总体原则上，保留和整治结合的方法，通过专项规划梳理大明寺、平山堂和革命烈士陵园等建筑遗存与蜀岗古城保护的关系；拆除其他相关建筑，调整并恢复植被；依据考古工作，用土修补形制缺失部位，尤其北端即“瓮城”南侧因大量取土所毁坏地段，使其初步显现“土垄”轮廓。

丁段城墙保护与展示措施

表 2—5

城墙段落编号	墙体段落位置	主要留存特征、压力及病害分析	保护与展示措施
丁 A	西城门瓮城至平山堂城之间地带	西瓮城轮廓清晰，为平山茶场所占压；其南侧宽阔城垣（最宽处或在110米以上）延伸至平山堂北侧，与其相接。墙体瓮城南侧为平山财务所占压，邻近平山堂处，为烈士陵园所占压。其余部分基本为乔木所占。城墙面临压力主要来现代建筑占压、植被根系、取土活动和水土保持。	加强考古工作，了解其形制结构及与平山堂的关系，并以此制定保护与展示规划。 整治区域环境，清理垃圾，限制建设，调整植被。 与护城河治理相结合，凸显墙体的雄伟，勾勒贾似道时期包平山堂城垣的轮廓，强化其作为宋代第二阶段的主题形象。

❷ 丁A段墙体留存状况（示意）

❶ 丙段城墙留存状况（示意）

❶ 戊A段墙体留存状况(示意)

戊段城墙及城门

戊段城墙指环绕宋宝城护城河以外的宋代城墙。加强考古工作，了解其形制结构，以此制定保护与展示规划。

戊段城墙保护与展示措施

表2—6

城墙段落编号	墙体段落位置	主要留存特征、压力及病害分析	保护与展示措施
戊A	大城西城墙	南自平山堂城护城河西侧蜀岗南缘断崖，往北至西城门瓮城外，再往北至堡城护城河西北角，全长约1500米，宽40～100米。其位于平山堂城北部的南段，为鉴真学院和商品房等占压。除平山堂西侧地段和西北角区域为乔木和灌木外，其他地带大多为茶树覆盖，植被状况较好。中部至北部墙体上辟有小径。城墙面临压力主要来自植被根系和水土保持	加强考古工作，了解其形制结构，以此制定保护与展示规划
戊B	大城北城墙	北城墙随堡城北城墙护城河态势而筑，全长约1700米，宽约70～110米，形制态势保存相对较好，高出地面1～10米不等。在堡城北城门瓮城北侧，有通往城墙外部的水道。保存状况相对较差，西段近一半地段为现代村落所占压，其余地段大多为耕地。部分地段为水塘所毁。东段除东北角为村落占压外，其余地段皆为耕地占用。目前，大城北墙的留存范围仍有待进一步明确。城墙面临压力主要来现代村落建设和占压、植被根系、水土保持和农业耕作	加强考古工作，了解其形制结构，以此制定保护与展示规划
戊C	大城东城墙	自东北城角往南延伸至汉王陵博物馆东侧蜀岗南沿，全长约1300米，除北部和南部少部分为现代村落占压外，其余多数地段以耕地为主，部分地段植被为乔木和灌木。目前，大城东墙的留存范围仍有待进一步明确。城墙面临压力主要来现代村落建设和农业耕作	加强考古工作，了解其形制结构，以此制定保护与展示规划

❷ 戌B段墙体留存状况（示意）

❸ 戌B段墙体占压状况（示意）

❹ 戌C段墙体留存状况（示意）

2.4 护城河保护展示

水系现存状况四等级措施

《规划》对水系现存状况对应措施分四等级——评估等级为A级者，不需要整治，仅需要基本维护、监测与管理；评估等级为B级者，须进行维护监测，改进管理措施，强化展示利用；评估等级为C级者，须进行水体质量及周边环境优化，强化标识展示；评估等级为D级者，须大力拓宽水体，整治改造，拆除占压原水体部分的建筑，之后展开考古工作。

❶ 西城墙外护城河（宋宝城西城门南）现状（南—北）

水系规划保护四类措施

《规划》建议针对历史水系保存的不同状况，制定四类措施。

一类——针对水系本体走向、规模完好且与周围城墙遗址等历史信息关联性较好的情况：严格保护水系边界的完整，严禁侵占水体的房屋建设，加强监控，严禁将水体向城墙一侧拓宽，水体两侧驳岸须进行规划设计，严禁使用砖石、水泥等破坏历史信息的现代建材，水体临近墙体一侧的绿化须经过规划设计，严禁种植高大的树种。

二类——针对水体走向、规模完好且与周边城墙遗址等历史信息关联性较差（墙体在地面已经没有夯土遗存）的情况：为凸显城垣轮廓，对水体两岸上部叠压建筑不可能在短期内拆除的，待叠压建筑到期之后，即禁止建新的建筑，届时对清理出来的城墙遗址地面采用在种植被、标识等方式进行保护展示。

三类——针对水系本体走向完好、但规模较差且与周边城墙遗址信息关联性较差（城墙在地面上已经没有夯土遗存）的情况：为凸显城垣轮廓，对水体两岸上部叠压建筑不可能在短期内拆除的，在叠压建筑拆除后，应禁止修建新的建筑物，清理出来的地面，将水体向非城墙一侧拓宽，或采用植被、标识等进行保护和展示。

四类——针对水体走向、规模较差或完全无历史水系遗存的情况：加强考古工作，理清水系走向，对叠压在历史水系本体上不可能在短期内拆除的建筑区域，在到期拆除后，须禁止新的建筑物建设。对清理出的地面，应进行考古工作，恢复水系走向和规模，利用植被或标识进行保护和展示。

水系规划保护设计施工要求

工程设计及施工，须严格遵照该规划要求进行。在遵循《规划》要求的基础上，拟定护城河保护展示的总原则为减缓或解除护城河面临的环境压力，水系构成以维持现状为主，通过适当疏浚以增强护城河的连通性，改善水质。

疏浚工程的施工设计需以考古工作为基础，对护城河形制、驳岸处置方法、护城河（月河）与瓮城及城门的空间关系、护城河水体对驳岸及城墙和城门等本体构成的侵蚀、疏浚深度与通行能力、护城河两侧空间尺度与道路体量设计、与旅游相关的码头及服务设施设置等等进行详细评估。

水系规划保护及措施

子段水域

子段水域分唐子城北城墙东段、东城墙段，是宋代以前蜀岗上城址的护城河。南城墙外护城河状况不清，暂不在考虑范畴。展示设计拟将子城北城墙外和东城墙外的护城河，以及沿友谊路西侧并行的水道进行沟通，具备游船通行能力，相关技术问题由水利部门

❷ 西城墙外护城河（宋宝城西城门北部的池塘）和西门外“瓮城”城墙（西北—东南）

❸ 宋宝城北城墙及护城河（局部）现状（西南—东北）

设计并施工。北城墙东段水域的治理有两种状况。其一，维持现状。将其北侧与之平行的水道一并考虑，同步实施；通过考古学和地质学评估，采取科学措施，加强中间岸“堤”的稳定性和安全性。其二，疏浚合一。如若通过考古工作，确认中间的“岸堤”形成时间晚于唐宋时期，则通过疏浚工程将其破除。通过规划整理水系，形成开阔水面；建设翠堤长河，营造长阜苑意境。具体措施为：结合新农村建设规划，逐步调整并拆除驳岸北侧50米距离内的民居，其他现有村落建设统一规划，结合旅游，打造成乡村民俗特色园区；调整穿越道路；疏浚河道，破除拦截河道的南北向池塘堤坝；河道疏浚驳岸位置即河面宽度以现有宽度为基础，不再扩宽；疏浚深度不能影响现有驳岸的稳定性；该护城河道西端即尹家庄南段，现状为封闭，拟保持现状，并采取措施加强其稳定性；该段护城河东段即江家山砍东北段，拟与东侧护城河及河道沟通。东城墙外的护城河治理应与沿友谊路西侧并行的水道统一规划，沟通水面成为一体。护城河清淤应以考古工作为基础，严格控制深度和清理宽度。同时还应注意妥善解决护城河治理与城门保护展示的关系。具体措施为：江家山砍至茅山公墓段护城河（南北向段长约700米，东西向段长约200），淤积严重，原始水体宽度和驳岸位置不清楚，疏浚工作量较大，需在考古工作基础上，妥善解决和处理城门、瓮城与护城河，以及其他与城墙或护城河相关的古代遗迹如水关、涵道等的关系，制定专业疏浚规划；茅山公墓至小茅山段护城河（南北长约700米），其中部约三分之一地段淤积严重，疏浚方法参照前述北段实施，并注意了解和保护城门、瓮

❶ 子A段护城河留存状况（示意）

❷ 子B段护城河留存状况（示意）

城和水涵洞等遗迹，南侧和北侧共约三分之二地段的河道，以现有驳岸为基础，适当进行整治；东城墙外护城河南端与唐罗城北墙外护城河贯通；东城墙外共有4条道路跨越护城河，拟进行道路调整，结合城门和瓮城的确认及展示，集中并妥善解决道路出行问题。该地区的水域治理应注意结合城镇及新农村建设改造进行，严禁污水排入。同时，还应该考虑古城内居民等生活和生产污水的排泄通道设计问题等，具体方案由相关专业部门设计。

子段城墙保护与展示措施

表2—7

护城河段落编号	护城河段落位置	主要留存特征、压力及病害分析	保护与展示措施
子A	北城墙东段水域	渔业侵占，水体割裂（见《规划》）。唐子城北墙外侧护城河除北门区域水道淤积较窄，水质污浊，两岸部分地段被辟为耕地外，其他地段现均已辟为水塘。水面开阔，状态良好。渔业侵占，水体割裂（见《规划》）。唐子城北墙外侧护城河除北门区域水道淤积较窄，水质污浊，两岸部分地段被辟为耕地外，其他地段现均已辟为水塘。水面开阔，状态良好	近期进行清淤、疏通、控制鱼塘规模、向城门一侧严格限建、清理垃圾、改善水质。远期则须结合居民安置调整，逐步打破鱼塘水域界格，形成连续水面。重新设计驳岸，进行绿化（见《规划》）。北城墙东段水域的治理将其北侧与之平行的水道一并考虑，同步实施，加强中间岸"堤"的稳定性和安全性。通过规划整理水系，形成开阔水面。建设翠堤长河，营造长阜苑意境
子B	东城墙外的护城河	唐子城东墙外侧护城河：形态结构留存最差。北段淤塞严重。水面窄小，干涸状态严重；茅山公墓和其北竹园公墓近400米长地段，河道基本淤塞、平毁十分严重；"东华门"南北两侧护城近400米长地段，淤积状况同样十分严重	东城墙外的护城河治理应与沿友谊路西侧并行的水道统一规划，沟通水面成为一体。护城河清淤应以考古工作为基础，严格控制深度和清理宽度。同时还应注意妥善解决护城河治理与城门保护展示的关系。将子城北城墙外和东城墙外的护城河，以及沿友谊路西侧并行的水道进行沟通。具体工程方案由相关单位设计和实施。子段水域沟通后，具备游船通行能力。该地区的水域治理应注意结合城镇及新农村建设改造进行，严禁污水排入。同时，还应该考虑古城内居民等生活和生产污水的排泄通道设计问题等

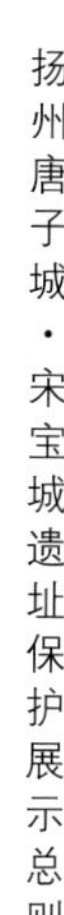

丑段水域

丑段水域包括宋宝城北城墙西段、西城墙外（含“瓮城”周边）水域，即宋代延续唐代护城河的地段。总体治理措施为沟通水塘，拆除护城河驳岸边的相关房屋，进行环境整治和美化；展示设计拟将水道进行沟通，西城门外以南区域外，其他地段具备游船通行能力，相关技术问题有水利部门设计并施工。西城门“瓮城”以南地段至观音山下，南北高差比较大，通过相关技术处理，使水域尽可能进行关联；观音山下的南端，采取适当阻断措施，既可保持护城河中的水面总体上与瘦西湖水面的一定连通性，又可防止护城河的水完全下泄至瘦西湖；疏浚河道，拆除阻隔护城河的池塘横堤，治理护城河现有驳岸两

❶ 丑A段护城河留存状况(示意)

❷ 丑B段护城河留存状况(示意)

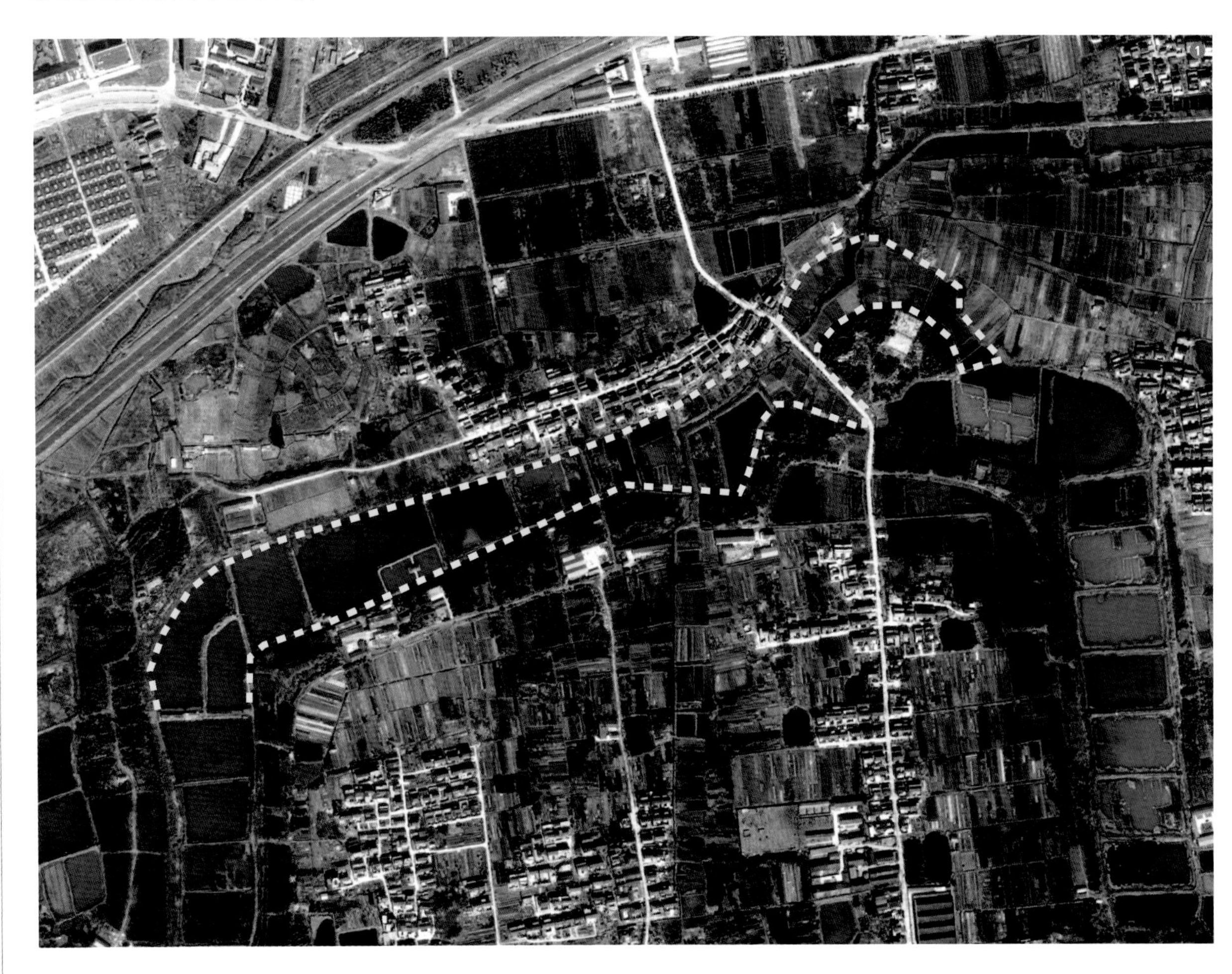

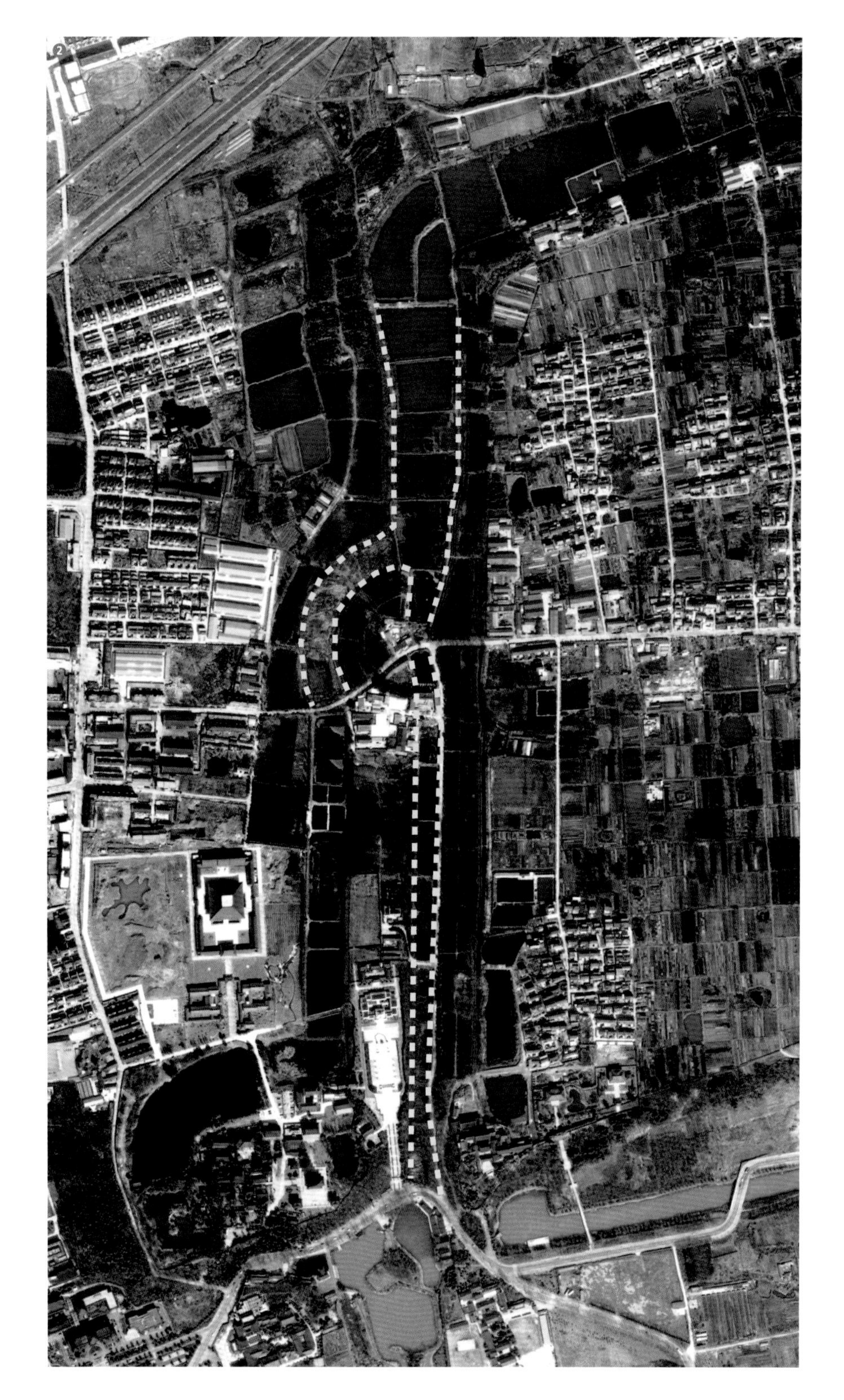

侧的乔木和灌木，降低其高度以显现水面；拆除占压护城河的道路和建筑等。具体技术方案由水利部门设计实施西城门“瓮城”以北地段至西河湾北地带即城垣西北城角外），护城河水域宽阔，主要是治理并确保驳岸的稳定性，调整影响水面景观的高达禾木和灌木。西城门外“瓮城”外侧护城河和月河的水域进行应以考古工作为基础，注意解决桥的问题，清淤严格控制深度和清理宽度。丑段水域拟与寅段和卯段水域进行联通，具备游船通行能力。该水域西部与北城墙“豁口”往外流出城址的水道结合部进行封闭化处理。后者现为古城内北部居民生活等污水的排泄通道（注：其原始性质或许为宋以前古城内往外的排水系统，其中某段或许为护城河。宋宝城北城门的设置及“瓮城”位置等都与此有关，尤其“瓮城”的西侧边缘应不超出之前位于此段的城墙夯土边缘），二者不能进行沟通。应由水利专业领域进行论证和设计并施工。

丑段城墙保护与展示措施

表 2—8

护城河段落编号	护城河段落位置	主要留存特征、压力及病害分析	保护与展示措施
丑 A	宋宝祐城北城墙西段	水域广阔，最宽处或在 110 米以上，被鱼塘割裂	沟通水塘，拆除护城河岸边的相关房屋，进行环境整治和美化。提高水质量。与远期的西北角楼展示相结合，为其构成较好的展示背景环境。逐步拆除与遗址展示主题不相干的现代建筑物。丑段水域拟与寅段和卯段水域进行联通，具备游船通行能力
丑 B	西城墙外（含“瓮城”周边）水域	“瓮城”以南区域之观音山段，南部淤塞，北部则为鱼塘所割裂，近瓮城处，有建筑占压水道	沟通水塘，拆除护城河岸边的相关房屋，进行环境整治和美化。西城门“瓮城”以南地段至观音山下，南北高差比较大，通过相关技术处理，使水域尽可能进行关联。观音山下的南端，采取阻断措施，防止护城河的水下泄至瘦西湖。具体技术方案由水利部门设计实施。西城门“瓮城”外侧护城河和月河的水域进行应以考古工作为基础，注意解决桥的问题，清淤严格控制深度和清理宽度

❸ 寅 A 段护城河留存状况（示意）

寅段水域

寅段水域包括宋宝城东城墙和北城墙东段外侧的护城河，含三个城门“瓮城”的周边水域。规划主要是疏浚工作，疏浚水塘和“瓮城”周边（月河和围绕“瓮城”的护城河）水道，使之形成一体。“瓮城”外侧护城河和月河的水域应以考古工作为基础，注意解决桥的问题，清淤严格控制深度和清理宽度。南段与蜀岗下保障河的沟通，设置调控装置，但不能影响整体景观。具体技术方案由水利部门设计实施。北门区域采取交叉水体的方式，实现上层水面的联通，并且具备简易船只通行能力。沟通丑段、寅段和卯段水域，具备游船通行能力。

寅段水域保护与展示措施

表 2—9

护城河段落编号	护城河段落位置	主要留存特征、压力及病害分析	保护与展示措施
寅 A	宋宝城北城墙东段外	形态轮廓明显，与羊马城之间淤积干涸十分严重，月河东半部与北墙间，有小片农田，东折处则为宽阔的鱼塘水域	疏浚水塘和“瓮城”周边（月河和围绕“瓮城”的护城河）水道，使之形成一体。“瓮城”外侧护城河和月河的水域进行应以考古工作为基础，注意解决桥的问题，清淤严格控制深度和清理宽度。北门区域采取交叉水体的方式，实现上层水面的联通，并且具备简易船只通行能力。沟通丑段、寅段和卯段水域，具备游船通行能力
寅 B	宋宝城东城墙外	水面总体保存较好，岸线清晰。“瓮城”以北河道部分，现为数处鱼塘和农田交互占据，以南则只有一小片水域还有留存（堡城路至相别桥）	南段与蜀岗下保障河的沟通，设置调控装置，但不能影响整体景观。具体技术方案由水利部门设计实施

卯段水域

卯段水域是指北通西城门“瓮城”外侧护城河，往南半包平山堂城的水域。规划通过清淤和疏通，使其与丑段水域联通，具备游船通行能力。

卯段水域保护与展示措施

表 2—10

护城河段落编号	护城河段落位置	主要留存特征、压力及病害分析	保护与展示措施
卯 A	北通西城门“瓮城”外侧护城河	南北向部分全长约 490 米。形态轮廓清晰，北部为农田占压，以南均为鱼塘分割水域	规划通过清淤和疏通，使其与丑段水域联通，具备游船通行能力
卯 B	半包平山堂城部分	半包平山堂部分跨度在 250 米左右。宽度约有 90 米。北侧外部岸边为现代建筑占压，南部水体已为当地大明寺－平山堂景观构造所利用	打通闭塞部分的河道，南部维持其融入平山堂—大明寺景观的形象

❶ 寅 B 段护城河留存状（示意）
❷ 卯 A 段护城河留存状况（示意）
❸ 卯 B 段护城河留存状况（示意）
❹ 辰 A 段护城河留存状况（示意）

辰段水域

辰段护城河即李庭芝・大城外侧的护城河，目前仅发现西北部地带。卫星影像显示北城墙外侧也应保存有护城河。规划不做过多干预，逐步引导并向湿地方面发展。西侧外围种植具有遮挡作用的禾木，以遮挡西部建成区楼房对遗址景观的负面影响。

辰段水域保护与展示措施　　表 2—11

护城河段落编号	护城河段落位置	主要留存特征、压力及病害分析	保护与展示措施
辰 A	"大城"西北角外侧	扬州苏平冶金机械公司东北侧尚有一段轮廓清晰，但已经割裂为水塘与农田。南北跨度逾 500 米	加强考古工作，明确这一阶段外侧护城河水体的范围、走向、开挖与衔接方式等基本信息。规划不做过多干预，逐步引导并向湿地方面发展。西侧外围种植具有遮挡作用的禾木，以遮挡西部建成区楼房对遗址景观的负面影响
辰 B	半包平山堂城部分	卫星影像显示北城墙外侧也应保存有护城河。应当将这一区域作为重点调研的区域	加强考古调查工作

2.5 蜀岗上水道整治与补水

蜀岗上水道

据目前资料，蜀岗上古城址区域及附近的水道，除护城河外，大体有三条。城址西侧者和从城内流经北城门者，这两条水道的流向大体为由南往北。史载城北三塘之一的“小新塘”应该与城西的水道有关。城址东侧沿友谊路北行至雷塘疑为古人工河道（抑或为古邗沟遗存）。地理模型上显示，它是蜀岗上唯一直接连通岗上雷塘和岗下运河通道。1973 年飞机拍摄的航片显示，该河道自子城东侧径直往北，在宋代滩田堤遗址（下游）东侧附近东折，径直接入往古河道（接入位置以下的古河道呈笔直状，与接入的运河河道呈一直线。宋代滩田堤修筑后，大堤的南段阻断了该运河河道，航片上亦可叫清晰地看到运河改道的残迹）。理论上位于城址东、西两侧的水道或许是历史上为城址补水的重要水源。

❶ 蜀岗上小茅山东侧一带水域（西南—东北）（《扬州城 1987~1998 年考古发掘报告》图版七）

护城河水系维系——活水工程

护城河的活水工程主要由外接水源来完成，建议充分利用子城东侧的运河古道。该工程由扬州市水利部门根据北部地区水利建设的需要，统筹解决。目前，地方水利部门已编制规划，即将组织实施。

❷ 20 世纪 80 年代蜀岗观音山前水域状况（南—北）（《扬州城 1987~1998 年考古发掘报告》图版二）

2

❶ 唐子城北城墙东段与护城河（局部）（西—东）

❷ 唐子城西北城角及护城河（西北—东南）（《扬州城 1987~1998 年考古发掘报告》图版九）

2.6 城垣与护城河保护展示工程实施计划

近期工作计划

本保护展示总则中所给出的“四轴十点”可视为蜀岗古城址考古遗址资源整体规划的基本构架，既是考古工作逐步开展的基本线索，也是资源利用逐步展开的基本层次。但根据考古资源的实际状况，其价值深化和全面展示利用，须在考古研究工作和遗址保护工作的基础上才能实现，是一个逐步实现的资源缓释过程，而不可能一步到位。

现阶段，“四轴十点”中，南轴和西轴的利用条件相对较好，而北、中以及东侧一线，都还并不具备完全展示利用的基本条件。然而，从遗址保护压力缓解的角度，建议优先启动北轴、西轴和东线项目，即整治北城墙、西城墙和东城墙沿线区域的环境；初步完成宋宝城西城墙、北城墙和东城墙大部夯土城垣轮廓修复及护城河疏浚；完成唐子城北城墙东段和东城墙夯土城垣轮廓修复及外侧护城河疏浚；完成唐子城东侧人工运河的疏浚等。以此为基础，以唐子城东北城角和西北城角片区景观营造为支点，初步形成具备开放条件的遗址展示园区。近期工作的时限初步定为2年（即2012年6月—2014年6月），主要工作如下。

考古工作

近期考古工作的主要任务是配合城垣夯土轮廓整治和护城河疏浚工作，对部分因河道疏浚而保存压力增大的重要区域进行考古发掘，为相关施工设计提供科学依据和学术支持。

主要工作包括如下：

（1）通过考古勘探和高精度测绘定位系统，确定城垣、护城河和城门（城门、瓮城和桥）的位置、体量和形制；精确记录需要修补的夯土城垣之保存状况，如对因道路通过、冲沟、农田、水塘、取土、建筑等破坏的部位和地段进行调查、测绘；确定历次解剖城垣的考古发掘探方位置等。

（2）与城门相关的工作，重点为北城门与瓮城之间、宋宝城东城墙北段城门与瓮城之间、西城门与瓮城之间地带，明确连通形式、桥梁等设施形制等；对于唐子城东城墙外的两处疑似城门区域重点展开工作。

（3）与历史水域和水关有关的工作，重点为唐子城东城墙南段2处疑似水涵洞；明确东城墙中段茅山公墓南部东西向水沟与城墙的关系；北城墙中段疑似水关；南城墙西段水沟等地域。

（4）与城墙相关的重要节点，重点为尹家庄南，北城门瓮城以北，唐子城北城墙东段西端与“李庭芝·大城”结合部，主要系明确唐子城北城墙东段和西段的连接方式；经北城墙中部城墙豁口流往雷塘的“排污沟”与唐子城北城墙的关系（疑与唐子城的护城河有关，有助于确认唐子城东、西两段北城墙连接段的位置与走向）；实证“宋李庭芝·大城”的形制、结构和年代等。

（5）与城墙结构展示相关的城垣夯土断面发掘清理，重点为原梁家楼村东侧之南城墙断面。

（6）对早期进行考古工作的探沟进行二次清理，为回填封护保护做准备。同时在回填封护之前，清理出新的剖面，进行详细的数据采集。

环境治理

主要工作包括如下内容：

（1）与城墙和护城河相关的构筑物拆迁。位置包括：唐子城东城墙、北城墙东段及其外侧护城河；宋宝城西城墙、北城墙和东城墙北段及其外侧护城河。

（2）与活水工程相关的构筑物拆迁。拆除活水渠道疏浚沿线相关的建筑物。

（3）墓地迁移，迁移茅山和竹园两处公墓；迁移城址西北城角和东北城角等占压夯土城垣的墓葬。占压北城门外瓮城的回民公墓，因年代相对久远，尚具有一定历史价值，且区位相对独立，暂予以保留。

（4）停止耕作和池塘活动。将影响城墙保护的耕地和池塘的调整为林地。

（5）排污渠治理，将经北城墙中段“水关”豁口至唐子城北城墙东段西端外侧的水沟改造成地下暗沟，为宋宝城北城墙外侧护城河水面连通创造条件。治理地段为城墙豁口至江平东路北侧。

（6）与南城门区域考古发掘及南城门展示工程相关的拆迁。

遗址保护展示

主要工作包括如下内容：

（1）保护展示工程设计——进行河道疏浚工程施工设计、城垣景观和绿化设计、东北区域和西北区域微景观与施工设计等。

（2）覆土保护城墙夯土本体轮廓遭受破坏较严重的地段——要求覆土后的城垣轮廓与附近形态保存较好者协调；覆土所用材料可考虑使用护城河疏浚所产生的泥土；覆土后的城墙地段种植低矮灌木。

（3）考古发掘探沟封护保护——考古发掘清理和相关记录完成后，采用素土逐层夯筑。现地表以上部分形态参照探沟两侧地表轮廓处置。

（4）植被调整——对于现地表灌木和禾木比较茂盛，可基本满足水土保持的区域，以保持现状为主，适当进行边缘部位草木整治，凸显比较规整的轮廓。对于现地表植被稀疏的地带，通过规划增补灌木，树种以覆盖行较强且能够保持常绿的灌木品种为主。

（5）护城河疏浚——护城河疏浚应充分考虑文物本体的安全，注意及时保护疏浚过程中新发现的遗存。

（6）古桥梁模拟展示——位于保障湖中部的古下马桥，是联系宋宝城与夹城之间通道，同时也是古代扬州城市南北轴线的重要节点，还是衔接宋夹城遗址景区和蜀岗古城景区，实现各种资源共享的最佳途径之一。

（7）城墙断面现场展示——原梁家楼村东侧的唐子城南城墙夯土断面，拟作为了解城墙结构、演变和建筑工艺的现场进行展示。经考古发掘清理后，经过本体保护工程设计和施工，具备现场展示的条件。建议参照断面所示的城墙演变过程，模仿其夯筑工艺，在断面西侧进行夯筑，以达到封护、支撑保护原夯土本体的效果。

（8）补水工程——充分挖掘和利用历史上的相关遗存价值，发挥其作用。建议以疏浚和建设纵跨蜀岗的北向运河为主，以疏浚改造沿蜀岗一线的东向河道为辅。

（9）相关法规制定和完善——研究、协调与蜀岗上古城保护相关的各类法规，如土地利用、城乡规划建设、新农村建设、小城镇建设、各类功能区开发区建设、各类市政管网等配套设施设计等，制定专门规程，形成并深入优化保护与建设的良性循环局面。

中期工作计划

中期工作多为景区工作完善和大环境营造，工作区域主要集中于沿蜀岗南沿一带的城址南部区域和城址以北区域。通过中期工作，完成蜀岗景区构建营造的同时，实现蜀岗景区与宋夹城景区、瘦西湖景区、平山堂—大明寺景区的无缝衔接。中期工作时限初步拟定为3年。

考古工作

主要工作包括如下内容：

（1）与城墙保护展示相关的工作——确认南城门以东至小茅山之间的南城墙东段本体及护城河相关问题；了解宋堡砦城、宝祐城、“大城”与唐子城南城墙的关系；了解西城门瓮城与平山堂城之间连接线的形制、结构和年代等问题；了解“大城”北墙和西墙的相关问题等。

（2）与护城河疏浚相关的工作——主要工作对象为宋宝城东墙的两座城门及瓮城，重点了解桥梁遗存。

（3）与城门相关的工作——重点发掘南城门区域，解决不同时期南城门的形态问题。

（4）与价值挖掘与展示相关的工作——工作重点为城址西北城角和东北城角，通过适当面积的发掘，了解角楼的相关信息。

环境整治

主要工作包括如下内容：

（1）与城墙保护展示相关的建筑物拆迁——主要集中于宋宝城东城墙南段、宋李庭芝大城东城墙和北城墙地带相关建筑物的拆迁。

（2）景区范围内人口分布结构调整——拟在江平东路与双塘路间规划建设具有一定缓冲区作用的民俗村落，以吸纳原居住在北护城河与江平东路之间的居住人口。根据民俗村落性质，吸纳部分人口在其中就业，以实现部分产业结构的合理化。原有居民使用的各类建筑拟定进行调整和拆除。对于该区域的非居住用建筑，如企业厂房等建议协调至区域之外。

遗址保护展示

主要工作包括如下内容：

（1）调整现有博物馆文化展示——调整位于南线的唐城博物馆展陈内容，综合隋唐宋文献、考古资料，在展陈中突出这三个历史阶段城址的演化特征。充分利用汉广陵王博物馆的现有资源，进行春秋至汉代、六朝的蜀岗地史展示说明。

（2）城墙覆土保护和植被调整——原则参照上述近期工作计划。其中，宋李庭芝大城东城墙南段残存甚少，拟采用地面植被标示方式展示。

（3）护城河疏浚与沟通——疏浚宋宝城东城墙南段外侧的护城河水系，并于东城墙南门桥下设置阻水调控设施，防止护城河水下泄。疏浚北城门瓮城与李庭芝大城之间的护城河，使之与两侧水面联通。

（4）交通系统组织与完善——主要有调整现有道路使用性质和功能，将蜀岗下沿保障湖一线的过往机动车交通干线调整为景区电瓶车线；景区内现有的其他二类道路即内部交通道路，一定时期存在景区专用与城内居民混用的状况，通过交通规划措施，逐步调节并减少车辆流量，限定机动车辆载重等；依据布局展示需求，新建部分地段的二类交通道路；改造并新建三类交通道路即步行道路，其中北城墙西段中部和东段偏东位置，设计有两处翻越城垣的步行道路，其修建应不影响城垣本体保护，路基和路面沿走势随城墙隆起趋势而定。

（5）重要遗迹形态显现与现场展示——以考古工作为基础和前提，在充分研究和论证的基础上对部分标志性建筑进行轮廓或形象展示，初步拟定于西北城角模拟展示隋江都宫角楼，于东北城角模拟展示唐子城角楼。南城门的展示应首选隋江都门，但具体选择须示考古工作和本体保存状况而定。考古发掘期间，创造条件进行现场展示，尤其南城门区域为最。

远景与资源维系工作

水系与历史水域的恢复

主要工作包括如下内容：

（1）对“宋李庭芝·大城”北侧水系进行疏通，使其与子城北墙外护城河水域相沟通，并实现水域连接；

（2）根据地理信息调查、考古调查以及文献记述，逐步恢复城址西北侧以小新塘为核心的历史水域景观，拓宽并丰富遗址北侧的景观视野；

（3）进一步对遗址墙体以外到临界主干道之间的人居区域进行调整；对拆迁之后遗留的区域进行综合环境治理、考古调查及其他相关工作。

考古资源维系

主要工作包括如下内容：

（1）资源环境控制与压力缓解——在保护区域内，严格禁止私搭乱建、挖土取土、设立新坟、侵占河道等行为；遗址资源结构与性质确知的部分，在保护的前提下，须充分利用，实现“以线代面”的效果，以提高遗址“可释读性”；遗址资源性质待定的部分，以保护为前提，确定关键调查与试掘点，暂作为“资源储备”；实现对遗址本体的保护与对环境的改善（要求参见前文）；地点串联、景观路线设计、蜀岗上下南北连接，应根据当前展示的重点进行设计，避免对蜀岗上遗址区域的压力骤增。

（2）完善区域考古资源登记——利用 GIS 技术手段，明确标记遗址区域地物面积及性质变化；结合考古工作，进一步明确蜀岗微地貌、水系形成过程、人居史土地利用过程。该系统须直接与扬州规划信息系统“兼容”，即尝试将扬州规划信息、“地用”变更意图、变化结果直接纳入到考古地理信息系统当中。

（3）建立资源处置的长效管理工作机制——前述几个方面工作（即考古与价值深化工作、墙垣本体保护工作、护城河水系整治与保护工作）过程中，须建立较稳定的考古、保护、规划、管理、工程五方面协作关系，在实施过程中，须将考古研究的价值揭示功能、遗址保护、区域规划、园区利用管理、基建拆迁、工程可行性评估与实施安排这几个方面有机地结合在一起。

（4）开始整理蜀岗古城及周边文物档案——细化出土位置，涉及空间范围尽可能放大（东至湾头，北至淮泗流域，西北至甘泉区域，西南至胥浦河流域）；谋求建立以蜀岗为区域地史发轫点的区域考古资源档案及管理系统；结合盱眙—天长—六合一线、淮河中下游古代城市带的考古工作和当地“地用规划”，进一步明确江淮之间的考古资源分布结构，形成不同区位的考古资源规划管理系统。

2.7 近期和中期项目预算

根据扬州蜀岗—瘦西湖风景名胜区管理委员会、扬州市文物局编制的《唐子城护城河及城墙展示、生态修复、环境整治工程项目申请书》中的投资概算，本规划中适当增加了城墙和护城河保护与展示的考古工作费用。遗址保护需要足够的资金，如需要竖立文物保护标志牌，明确保护范围；在考古调查发掘的基础上，修建遗址博物馆或遗址广场，展示文物，充分发挥文物的价值；此外，绿化展示保护、防止水土流失等也需要资金上的保证。

预算依据

预算依据包括：

（1）建设部颁布的《市政工程可行性研究投资估算编制办法》；

（2）建设部颁布的《全国市政工程投资估算指标》；

（3）《江苏省考古调查、勘探、发掘经费预算办法》；

（4）江苏省《建筑安装工程费用定额》及相应费率；

（5）《扬州工程造价管理》并结合扬州市当前工程造价的实际情况确定；

（6）建设单位提供的有关当地市政建设的有关规定及说明；

（7）类似工程项目估算指标；

（8）江苏省《工程建设概预算文件汇编》。

估算编制说明

（1）根据工程方案，本项目建设内容包括墓葬清迁、城墙修复及展示、河道疏浚、驳岸、土方平衡、道路、活水泵站、桥梁、区内搬迁费用等的建筑安装工程费用、建设单位管理费、咨询、规划、设计费等其他费用。（2）区内搬迁费用：拟将项目范围内唐子城风景区的农民全部搬迁，搬迁面积为，农户庄台约 40 万平方米，4000 元 / 平方米，企业及集体工商户约 11 万平方米，2500 元 / 平方米。（3）其他费用取费标准：建设单位管理费按工程费用的 1.5% 计取，勘察费按工程费用的 0.065% 计取，设计费按工程费用的 3% 计取。（4）基本预备费按前二项的 5% 计取。（5）城墙和护城河保护与展示的考古工作费用：2000 万元。（6）文物保护工程专项费用单列，不在预算范围内。

总建投资估算

结合现阶段市场价格，本工程投资估算总额为 28.4736 亿元，其中工程费用 8.4620 亿元，工程建设其他费 18.4652 亿元，预备费用 1.3464 亿元。

第三章

扬州唐子城·宋宝城遗址现状与保护展示图例

1.1973年拍摄的航片所示蜀岗南沿部分重要遗迹

2. 蜀岗区域地理形态模型

3. 扬州遗址周边微地理模型

4. 扬州蜀岗上城址地表现状微地理模型

5. 扬州蜀岗上城址相关历史水系
■ 河流分布态势
■ 三塘分布态势
■ 蜀岗古城位置
■ 唐罗城及宋夹城局部

6. 扬州蜀岗上古城考古勘探遗迹合成图

■ 夯土遗迹

■ 历史水域遗迹

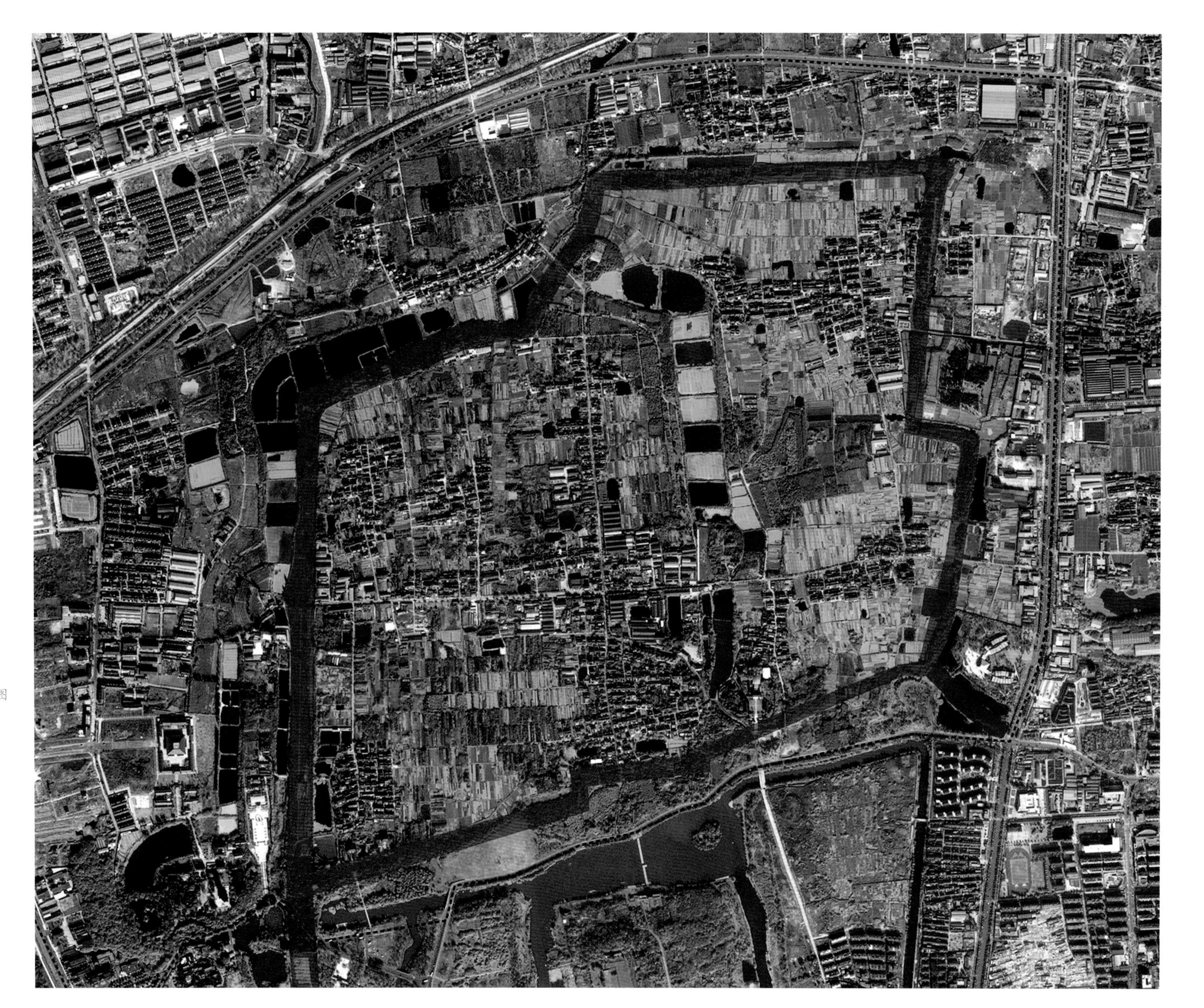

7. 扬州城遗址唐子城城垣示意图

■ 唐子城城垣

■ 唐罗城城垣

8. 扬州城遗址宋郭棣·堡砦城城垣示意图

■ 堡砦城城垣

9. 扬州城遗址宋贾似道·宝祐城城垣示意图

■ 平山堂城及连接宝祐城西门外瓮城段城垣

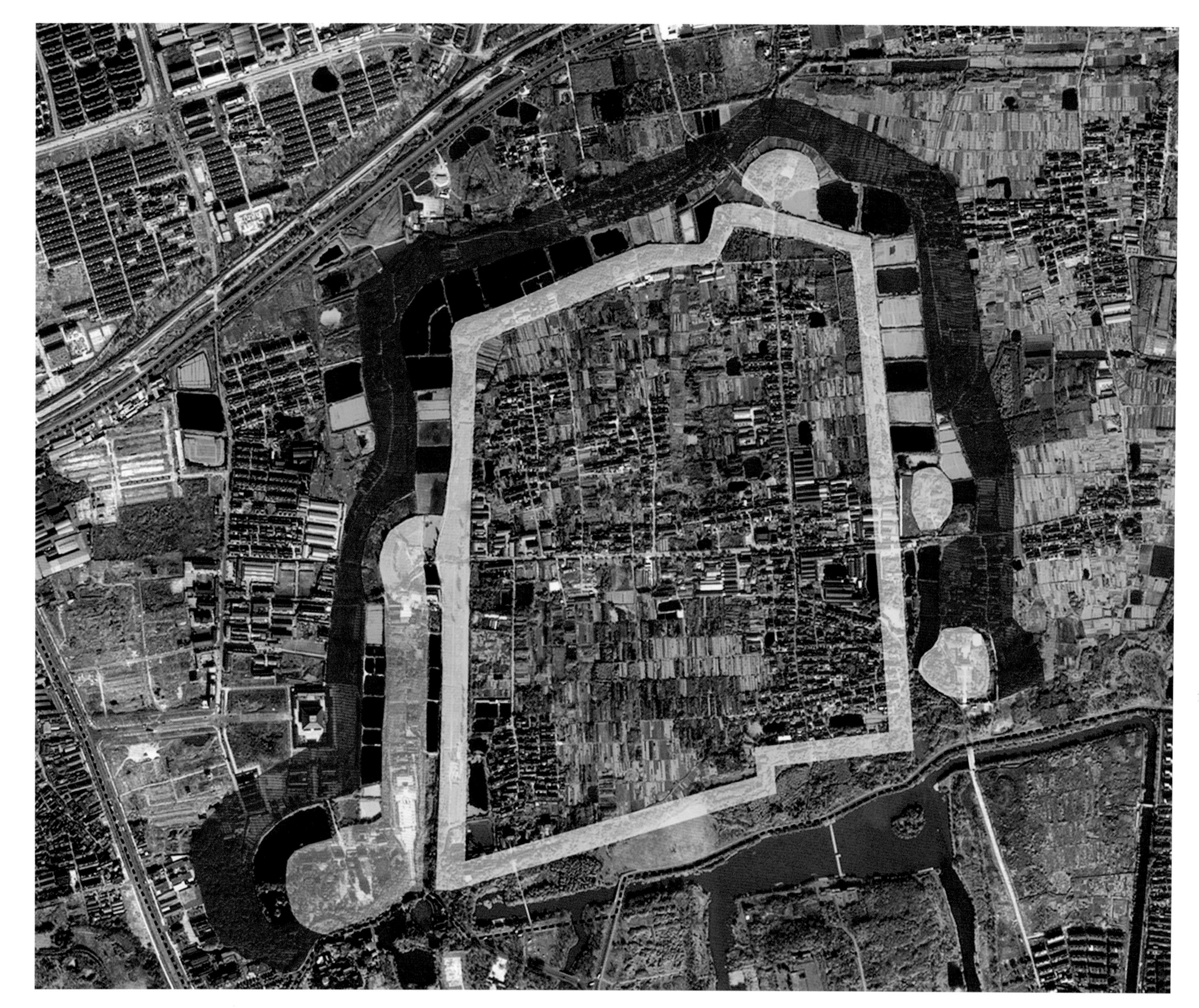

10. 扬州城遗址宋李庭芝·大城城垣示意图

■宋李庭芝·大城城垣

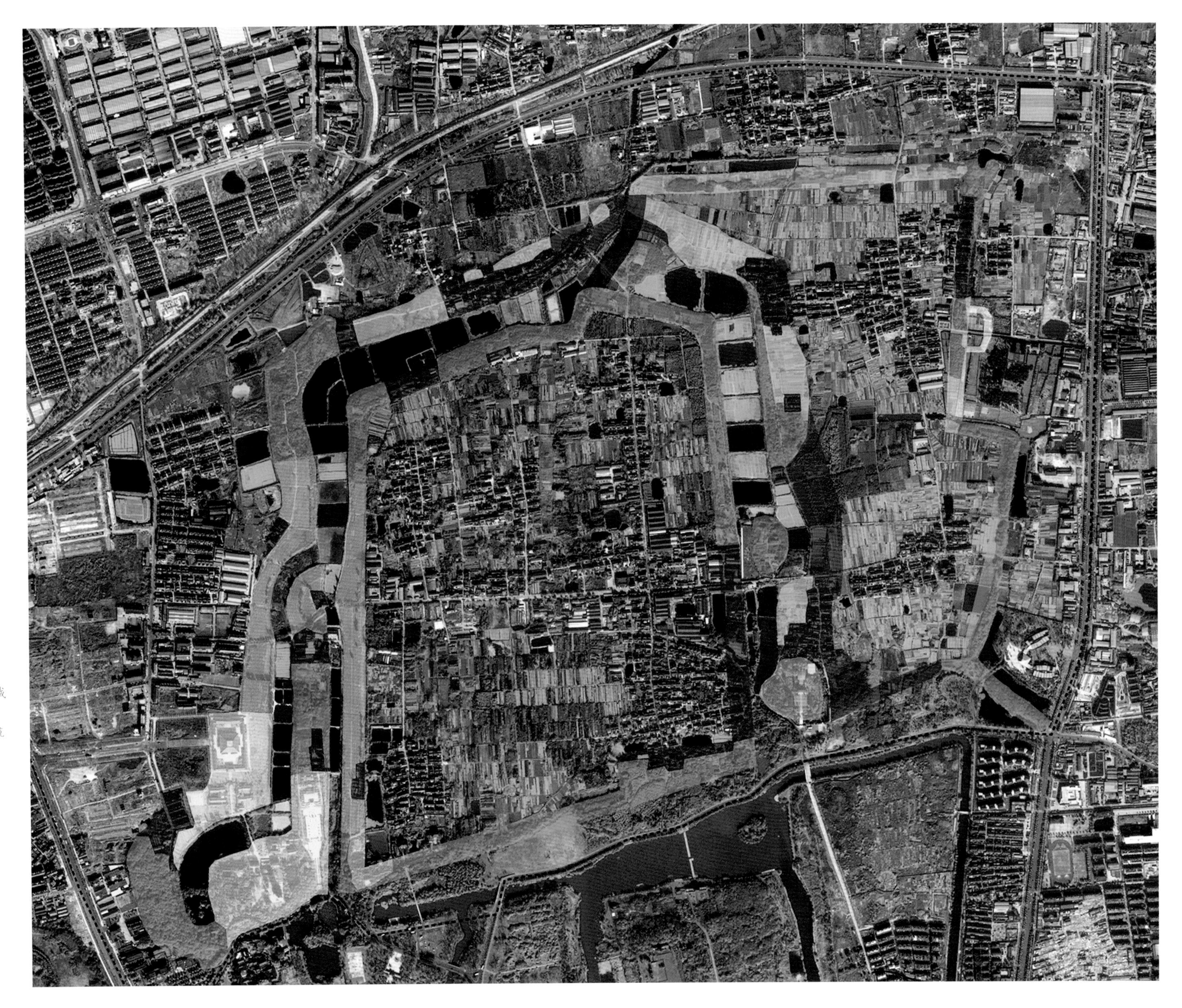

11. 扬州城遗址唐子城·宋宝城夯土城垣使用现状

- 占压城墙夯土的宗教和纪念建筑
- 城墙夯土面表的茶树园
- 城墙夯土表面的林地和草地
- 被民居和厂房占压的城墙夯土
- 被利用作耕地的城墙夯土表面
- 破坏城墙夯土的水塘和水沟
- 部分城墙夯土推测
- 被墓地占压的护城河区域

12. 扬州城遗址唐子城·宋宝城护城河用地现状

- ■ 被用作水塘部分
- ■ 被用作农田部分
- ■ 干涸或淤塞部分
- ■ 占压护城河的建筑

13. 扬州城遗址唐子城·宋宝城及周边水系现状示意图

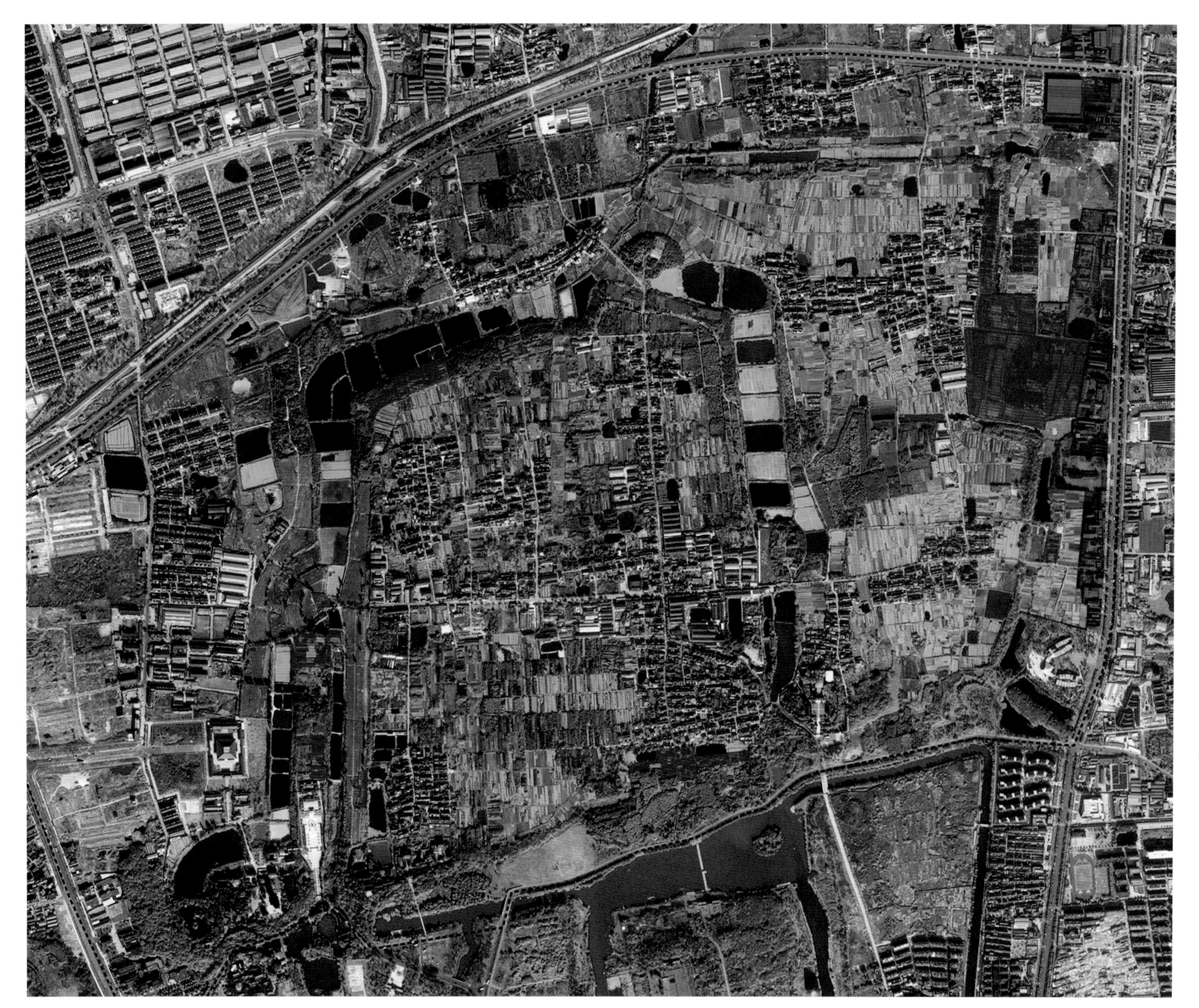

14. 扬州唐子城遗址用地现状、环境治理示意图

■ 进行拆迁的建构筑物

■ 进行迁除的墓葬

15. 扬州城遗址唐子城·宋宝城夯土城垣与护城河保护与展示——近期工作计划图

- 疏通的护城河水体
- 进行覆土修复墙体
- 进行拆迁的建构筑物
- 进行迁除的墓葬
- 恢复的旧渠道
- 与瓮城有关的考古节点
- 恢复的历史桥梁
- 南城墙断面展示考古节点
- 与历史水域或水关有关考古区域
- 与城墙有关的主要节点

16.扬州唐子城遗址保护与展示·近期工作——考古工作重点

○与瓮城有关的主要节点

○与城墙有关的主要节点

与历史水域或水关有关的区域

17. 扬州唐子城遗址保护与展示·近期工作——遗址展示城垣轮廓修补位置

城墙覆土修复范围

18（对页）. 扬州唐子城遗址保护与展示·近期工作——探沟数据再提取与回填

■ 探沟发掘位置

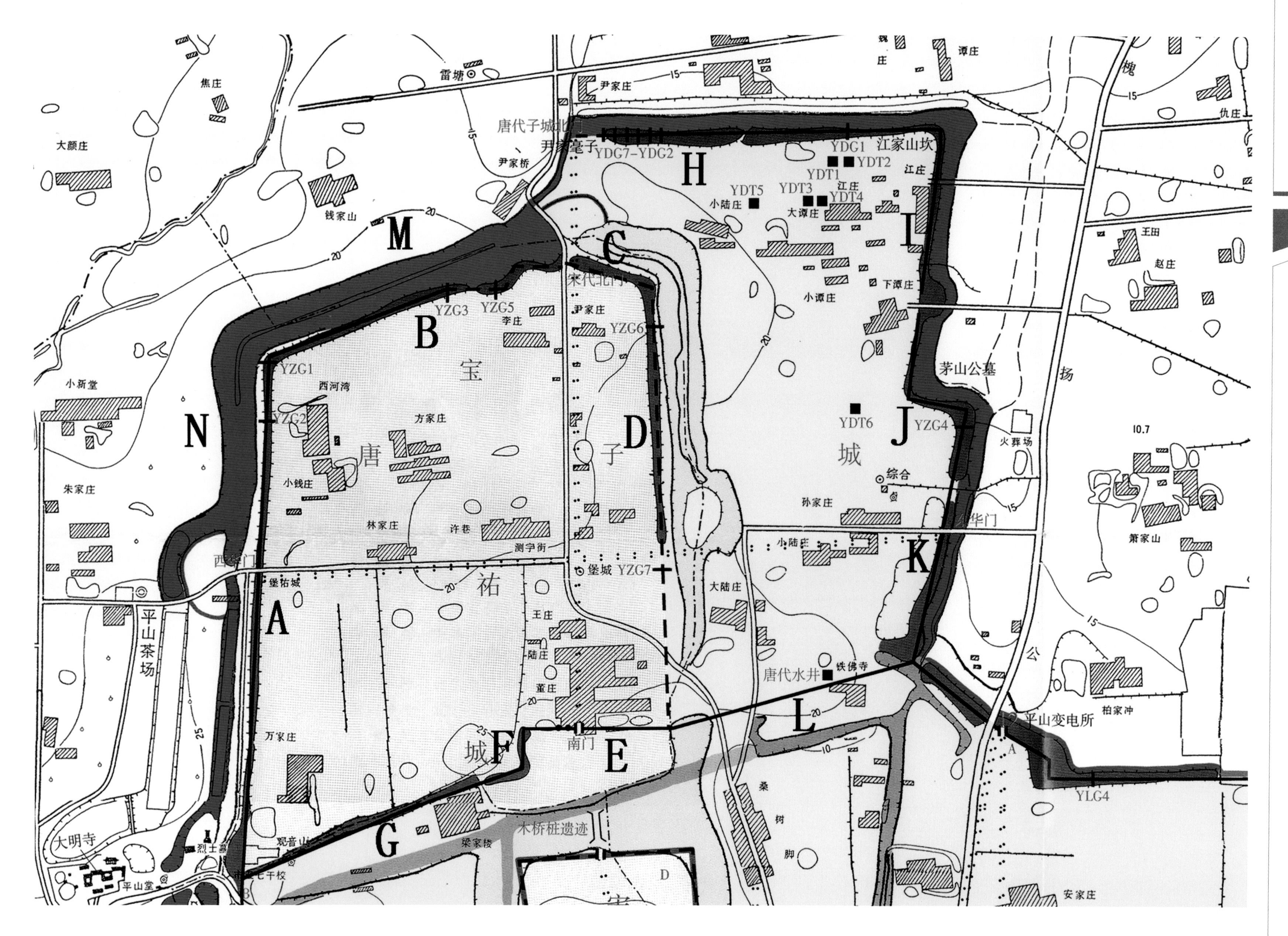

雷塘
焦庄
尹家庄
唐代子城北门
尹家毫子
YDG7-YDG2
江家山坎
YDG1
YDT2
YDT1
YDT5
YDT3
YDT4
小陆庄
大谭庄
江庄
尹家桥
大颜庄
钱家山
M
H
C
I
宋代北门
YZG3
YZG5
李庄
尹家庄
YZG6
B
宝
小谭庄
下谭庄
王田
赵庄
仇庄
谭庄
槐
YZG1
小新堂
西河湾
N
YZG2
方家庄
唐
D
子
城
YDT6
J
YZG4
茅山公墓
扬
火葬场
综合
孙家庄
小钱庄
朱家庄
林家庄
许巷
测字街
东华门
小陆庄
K
萧家山
西华门
堡祐城
堡城
YZG7
祐
大陆庄
A
平山茶场
王庄
陆庄
董庄
唐代水井
铁佛寺
公
柏家冲
平山变电所
万家庄
F
城
南门
E
L
桑
树
脚
YLG4
大明寺
烈士墓
观音山
G
梁家楼
木桥桩遗迹
平山堂
安家庄
10.7

19. 扬州唐子城遗址保护与展示·近期工作——水系疏浚和治理

- 疏通的护城河水体
- 恢复的旧渠道
- 构筑的暗渠

20. 扬州唐子城遗址保护与展示·近期工作——水系疏浚和治理方案一

■ 疏通的护城河水体

■ 恢复的旧渠道

■ 构筑的暗渠

○ 恢复的历史桥梁

21. 扬州唐子城遗址保护与展示·近期工作——水系疏浚和治理方案二

■ 疏通的护城河水体

■ 恢复的旧渠道

■ 构筑的暗渠

⬭ 恢复的历史桥梁

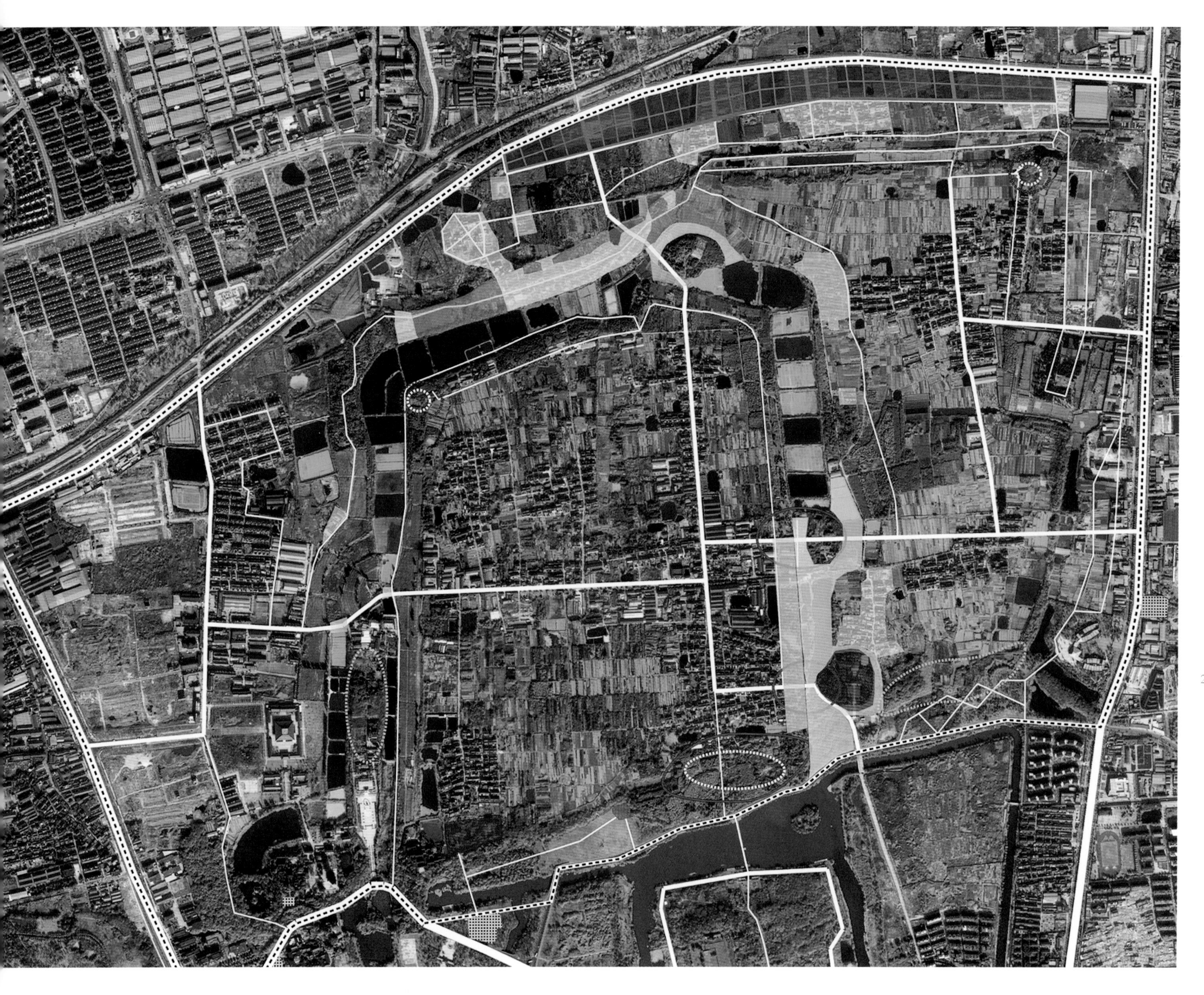

22. 扬州城唐子城·宋宝城夯土城垣与护城河遗址保护与展示——中期工作计划图

○ 与城墙有关的主要节点
■ 博物馆建设改造
■ 民俗村建设
■ 房屋拆迁
○ 与瓮城有关的主要节点
■ 路网铺设

23. 扬州唐子城遗址保护与展示·中期工作——环境治理·建筑物拆迁图

房屋拆迁

24. 扬州唐子城遗址保护与展示·中期工作——考古工作重点

○与城墙有关的主要节点

○角楼、瓮城、南门等节点

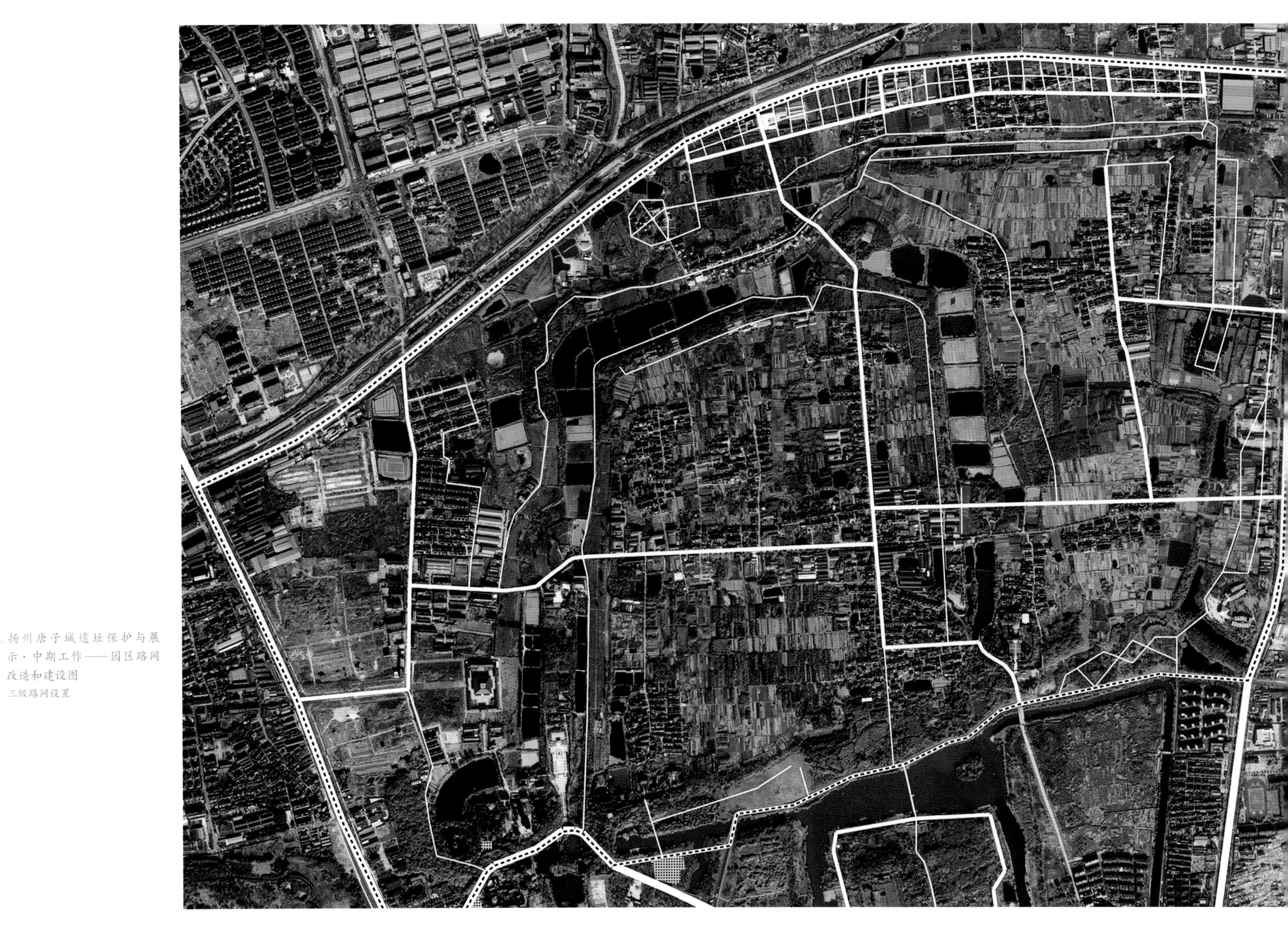

25. 扬州唐子城遗址保护与展示·中期工作——园区路网改造和建设图

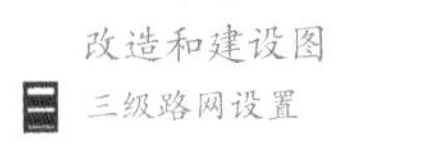

三级路网设置

26. 扬州唐子城遗址保护与展示·中期工作——保护、展示与环境整治工程项目图

- 墙体修补与轮廓整治
- 民俗村建设
- 现有展示内容调整
- 水域沟通
- 拟展示的角楼与门址

27. 扬州城址唐子城·宋宝城夯土城垣与护城河遗址保护与展示——远期工作计划图

■ 水城沟通
■ 历史水城景观构拟
■ 遗址外围拆迁

28. 扬州城址唐子城·宋宝城城垣和护城河遗址展示区主要展示区域要素关系图

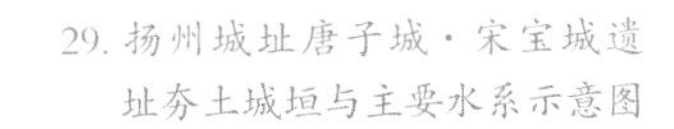

29. 扬州城址唐子城·宋宝城遗址夯土城垣与主要水系示意图

■ 历史水域
■ 护城河
■ 唐子城城垣及瓮城
■ 唐罗城城垣
■ 宋宝城城垣与瓮城
■ 李庭芝大城城垣

30. 扬州城址唐子城·宋宝城遗址夯土城垣总平面示意图

■ 唐子城城垣及瓮城

■ 唐罗城城垣

■ 宋宝城城垣与瓮城

■ 宋李庭芝·大城城垣

31. 扬州城址唐子城·宋宝城遗址展示区夯土城垣、主要水系与主要路网关系图

- 历史水域
- 护城河
- 唐子城城垣及瓮城
- 宋宝城城垣与瓮城
- 宋李庭芝·大城城垣
- 唐罗城城垣
- 三级路网设置

32. 扬州城址唐子城·宋宝城遗址主要水系图
■ 历史水域
■ 护城河水域

33. 扬州城址唐子城·宋宝城遗址鸟瞰图——翠堤烟柳（东北—西南）

34（对页）. 扬州城址唐子城·宋宝城遗址鸟瞰图——江都余晖·武锐金汤（北—南）

36. 扬州城址唐子城·宋宝城遗址鸟瞰图——江都余晖（西北—东南）

35（对页）. 扬州城址唐子城·宋宝城遗址鸟瞰图——昭明镜鉴（西南—东北）

37. 扬州城址唐子城·宋宝城遗址鸟瞰图——观音山（西南—东北）

参考文献

1. 不断促进实践创新 努力传承中华文化——用习总书记讲话精神推动陕西文化事业发展 . 中国文物报，2015.03.04.

2. 中国社会科学院考古研究所 . 清华大学建筑学院 . 扬州城国家考古遗址公园—唐子城·宋宝城城恒及护城河保护展示概念性设计方案〔文物保函（2012）1291〕.

3. 扬州唐城遗址博物馆 . 扬州唐城遗址文物保管所 . 扬州唐城考古与研究资料选编 . 2009 年（内部资料）.

4. 扬州市人民政府 . 蜀岗—瘦西湖风景名胜区总体规划，1996 年 .

5.（清）李斗 . 扬州画舫录 . 北京 ：中华书局，2007.

6. 中国社会科学院考古研究所，南京博物馆，扬州市文物研究所 . 扬州城——1987 ~ 1998 年考古发掘报告 . 北京 ：文物出版社，2005.

7. 东南大学 . 全国重点文物保护单位——扬州城遗址（隋至宋）保护规划，2011.

8.（清）赵之壁 . 平山堂图志 . 北京 ：中国书店出版社，2012.

9.（明）朱怀干，盛仪 . 嘉靖惟杨志 . 扬州 ：广陵书社，2013.

10.（清）阿克当阿修，姚文田编 . 重修扬州府志 . 扬州：广陵书社，2006.

11. 扬州蜀岗—瘦西湖风景名胜区管理委员会，扬州市文物局 . 唐子城护城河保护整治项目申请书，2011.

12. 中国社会科学院考古研究所，南京博物馆，扬州市文物考古研究所 . 扬州城——1999 ~ 2013 年考古发掘报告 . 北京：科学出版社，2015.

13.（宋）王象之 . 舆地纪胜 . 北京 ：中华书局，1992.

后　记

本书的编写得益于多个单位及同志的通力支持与全力协作：扬州市文物局顾风、冬冰、徐国兵、樊余祥、朱明松、郭果，扬州市文物考古研究所束家平、王小迎、池军、张兆伟，中国社会科学院考古研究所蒋忠义、汪勃、王睿、刘建国，清华大学建筑学院张能，以及武君臣、阎韬、武灏、武玥、骆磊、姚雪、金磊。在研究及出版过程中，他们在资料、信息、绘图、编辑、设计等多个方面给予了我们无私的帮助，我们在这里对这些朋友表示衷心的感谢！

作者于北京

2015 年 11 月

图书在版编目（CIP）数据

扬州城国家考古遗址公园——唐子城·宋宝城城垣及护城河保护展示总则 / 王学荣，武廷海，王刃馀著．—北京：中国建筑工业出版社，2015.12
（国家重要文化遗产地保护规划档案丛书）
ISBN 978-7-112-18893-2

Ⅰ．①扬… Ⅱ．①王… ②武… ③王… Ⅲ．①古城遗址（考古）—保护—城市规划—扬州市 Ⅳ．①TU984.253.3

中国版本图书馆CIP数据核字(2015)第301116号

审图号：GS(2016)234号

责任编辑：徐晓飞　张　明
书籍设计：1802工作室
责任校对：张　颖　赵　颖

2012年以来，作者采用资源空间分析和认知的理论与方法，先后对江苏扬州城遗址等"国家重要文化遗产保护项目"开展了保护和展示研究，形成了一批重要成果，同时研究方法具有一定的示范和推广意义。本丛书侧重于方法论的探索与研究，筛选部分大遗址保护成果案例，使之成为当前及今后一定时期我国大遗址保护展示研究与方法的示范。

本书所收录的内容是蜀岗古城址城垣及护城河保护与展示整体设计的内容。其主要目标系根据蜀岗古城址考古资源的分布、留存、年代、压力、结构完整程度等多方面的分析，在把握整体城域格局的前提下，对蜀岗城址中具有线性分布特征的城垣及城壕部分进行保护与展示设计，明确保护及展示的对象、范围、保护及展示原则、节点意象、交通缔结等基本问题，是城垣（2014）及护城河（2013）具体保护与展示方案的指导性文本。

国家重要文化遗产地保护规划档案丛书

扬州城国家考古遗址公园

唐子城·宋宝城城垣及护城河保护展示总则

王学荣　武廷海　王刃馀　著

*

中国建筑工业出版社出版、发行（北京西郊百万庄）
各地新华书店、建筑书店经销
北京雅昌艺术印刷有限公司制版印刷

*

开本：787×1092毫米　横1/8　印张：20　字数：350千字
2015年12月第一版　2015年12月第一次印刷
定价：198.00元
ISBN 978-7-112-18893-2
（28145）